国家出版基金项目
NATIONAL PUBLICATION FOUNDATION

中华传统食材丛书

总主编 魏兆军 陈寿宏

海洋鱼卷

主　编　张　芳
编　委　李肖肖　朱云扬
　　　　邹鹏仁

合肥工业大学出版社

总序

健康是促进人类全面发展的必然要求，《“健康中国2030”规划纲要》中提出，实现国民健康长寿，是国家富强、民族振兴的重要标志，也是全国各族人民的共同愿望。世界卫生组织（WHO）评估表明膳食营养因素对健康的作用大于医疗因素。“民以食为天”，当前，为了满足人民日益增长的美好生活的需求，对食品的美味、营养、健康、方便提出了更高的要求。

中国传统饮食文化博大精深。从上古时期的充饥果腹，到如今的五味调和；从简单的填塞入口，到复杂的品味尝鲜；从简陋的捧土为皿，到精美的餐具食器；从烟火街巷的夜市小吃，到钟鸣鼎食的珍馐奇馔；从“下火上水即为烹饪”，到“拌、腌、卤、炒、熘、烧、焖、蒸、烤、煎、炸、炖、煮、煲、烩”十五种技法以及“鲁、川、粤、徽、浙、闽、苏、湘”八大菜系的选材、配方和技艺，在浩渺的时空中穿梭、演变、再生，形成了绵长而丰富的中华传统饮食文化。中华传统食品既要传承又要创新，在传承的基础上创新，在创新的基础上发展，实现未来食品的多元化和可持续发展。

中华传统饮食文化体现了“大食物观”的核心——食材多元化，肉、蛋、禽、奶、鱼、菜、果、菌、茶等是食物；酒也是食物。中国人讲究“靠山吃山、靠海吃海”，这不仅是一种因地制宜的变通，更是顺应自然的中国式生存之道。中华大地幅员辽阔、地大物博，拥有世界上最多样的地理环境，高原、山林、湖泊、海岸，这种巨大的地理跨度形成了丰富的物种库，潜在食物资源位居世界前列。

“中华传统食材丛书”定位科普性，注重中华传统食材的科学性和文化性。丛书共分为30卷，分别为《药食同源卷》《主粮卷》《杂粮卷》《油脂卷》《蔬菜卷》《野菜卷（上册）》《野菜卷（下册）》《瓜茄卷》《豆荚芽菜卷》《籽实卷》《热带水果卷》《温寒带水果卷》《野果卷》《干坚果卷》《菌藻卷》《参草卷》《滋补卷》《花卉卷》《蛋乳卷》《海洋鱼卷》《淡水鱼卷》《虾蟹卷》《软体动物卷》《昆虫卷》《家禽卷》《家畜卷》《茶叶卷》《酒品卷》《调味品卷》《传统食品添加剂卷》。丛书共收录了食材类目944种，历代食材相关诗歌、谚语、民谣900多首，传说故事或延伸阅读900余则，相关图片近3000幅。丛书的编者团队汇聚了来自食品科学、营养学、中药学、动物学、植物学、农学、文学等多个学科的学者专家。每种食材从物种本源、营养及成分、食材功能、烹饪与加工、食用注意、传说故事或延伸阅读等诸多方面进行介绍。编者团队耗时多年，参阅大量经、史、医书、药典、农书、文学作品等，记录了大量尚未见经传、流散于民间的诗歌、谚语、歌谣、楹联、传说故事等。丛书在文献资料整理、文化创作等方面具有高度的创新性、思想性和学术性，并具有重要的社会价值、文化价值、科学价

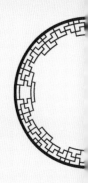

值和出版价值。

对中华传统食材的传承和创新是该丛书的重要特点。一方面，丛书对中国传统食材及文化进行了系统、全面、细致的收集、总结和宣传；另一方面，在传承的基础上，注重食材的营养、加工等方面的科学知识的宣传。相信"中华传统食材丛书"的出版发行，将对实现"健康中国"的战略目标具有重要的推动作用；为实现"大食物观"的多元化食材和扩展食物来源提供参考；同时，也必将进一步坚定中华民族的文化自信，推动社会主义文化的繁荣兴盛。

人间烟火气，最抚凡人心。开卷有益，让米面粮油、畜禽肉蛋、陆海水产、蔬菜瓜果、花卉菌藻携豆乳、茶酒醋调等中华传统食材一起来保障人民的健康！

中国工程院院士

2022年8月

序

自地球两极到赤道海域、从海岸到大洋、经表层到海洋深渊，均广泛分布着海洋鱼类，海洋鱼类也丰富与充实了浩瀚斑斓的海洋世界。生活环境的复杂性使得海洋鱼类具有多样化和高营养价值的特性，表现在形态、个头的大小上，例如通体鳞片的有无及鳞片的大小、多少，色泽的分布。但由于生活方式相同，海洋鱼类具有一系列共同的特点：具有呼吸水中溶解氧的鳃、鳍状的便于在水中运动的肢体、能分泌黏液以减少水中运动阻力的皮肤。也就是说，海洋鱼类的大多数种类是以鳃呼吸、用鳍运动、体表被有鳞片、体内一般具有鳔的变温的脊椎动物。

占地球面积71%的海洋为人类提供了丰富的鱼类资源，现有已知的鱼类共2万余种，其中海洋鱼类约有1.2万种。但由于气候的变化、环境的破坏、海水的污染以及人类的过度捕获等诸多原因，某些海洋鱼类濒临灭绝，一些鱼类数量大量减少。所以，为了地球上的生态平衡与海洋资源的可持续发展，人类活动必须要遵循大自然的规律。

为方便读者阅读，编者查阅文献资料，分别从物种本源、营养及成分、食材功能、烹饪与加工、食用注意、传说故事或延伸阅读6个方面清晰地整理出27种常见海洋鱼类的基本信息和相关知识，并附有大量插图。本书语言通俗易懂，图文并茂，集知识性、趣味性、实用性于一体，读者在翻阅常见海洋鱼类资料的同时，还能享受到寓言故事带来的风趣幽默之感，并能按照书上提供的烹饪方法做出一道美味的鱼类菜品。

江南大学夏文水教授审阅了本书，并提出宝贵的修改意见。本书的编写得到了合肥工业大学食品与生物工程学院李肖肖、朱云扬、邹鹏仁三位同学的大力帮助，在此一并深表感谢。

生命不息，人类追求真理的脚步不止，在科技飞速发展的当下，鱼类学也有了很大发展，知识体系也在迭代更新，本书中相关内容如有不当之处，敬请广大读者批评指正。同时，笔者坚信随着我国海洋强国战略的实施，许多过去未知的海洋鱼类知识将会不断被研究与报道，并强有力地夯实我国海洋鱼类领域的研究基础，推动相关学科的发展。

张　芳

2022年3月

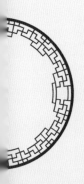

目录

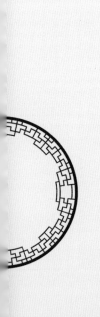

鲫鱼

载书携榼别池龙，十幅轻帆处处通。
谢朓宅荒山翠里，王敦城古月明中。
江村夜涨浮天水，泽国秋生动地风。
饱食鲙鱼榜归楫，待君琴酒醉陶公。

——《酬郭少府先奉使巡涝见寄兼呈裴明府》
（唐）许浑

一、物种本源

拉丁文名称，种属名

鳓鱼（*Ilisha elongata*），为硬骨鱼纲、鲱形目、锯腹鳓科、鳓属，又名火鳓鱼、鲙鱼、白鳞鱼、白力鱼、曹白鱼、春鱼、黄鲫鱼、勒鱼、克鳓鱼、火鳞鱼等。

形态特征

鳓鱼体长而平，长32～44厘米，呈银白色；上口有细牙；腹鳍很短且小，背鳍位于腹鳍的后部和上部，臀鳍很长；腹部有锯齿状的尖锐鳞片，没有侧线。

习性，生长环境

鳓鱼是一种近海中上层肉食性鱼类，主要以鱼和非脊椎动物为食。作为重要的食用鱼，其广泛分布于印度洋东部和太平洋西部，我国沿海地区的产量也相对较大。

二、营养及成分

每100克可食鳓鱼鱼肉的主要营养成分见下表所列。其鱼肉含有维生素A、B_1、B_2、E及胡萝卜素、胆固醇，还含多种氨基酸和钙、镁、硒、钾、锌、锰、钠、磷、铜等元素。其鳞下脂肪层较厚，脂肪较多，含有大量不饱和脂肪酸，营养价值很高。

水分	71.1克
蛋白质	16.7克
脂肪	8.5克

钾	0.3克
磷	0.2克
碳水化合物	0.1克
钠	47.8毫克
钙	39毫克
镁	28毫克
维生素E	1.8毫克

三、食材功能

性味 味甘，性平。

归经 归脾、胃经。

功能

（1）《本草纲目》记载："滋补强壮、开胃暖中。"鳓鱼有健脾益胃、养心安神的功能，可促进痔疮出血、大便秘结的康复。

（2）鳓鱼含有多种维生素、氨基酸和微量元素，具有清热、消炎、杀菌的作用，特别对妇女功能性子宫出血、贫血、肺结核、咳嗽、糖尿病的防治有食疗作用。

四、烹饪与加工

鳓鱼口味鲜美，食用方法很多，可清蒸、鲜食、红烧、晒制成鱼干，也可与霉干菜同煮，风味独特。其中，以"三刨鳓鱼"的制作历史最为悠久，舟山渔区的"霉干菜烧鳓鱼"和"荷包鳓鱼"也久负盛名。鳓鱼可用盐腌制食用，又称咸鳓鱼，味美鲜香、气味香浓，是佐酒下饭的上等佳品，并且能够长期储存。

刨腌鳓鱼

（1）材料：鳓鱼300克，盐、葱、姜、料酒适量。

（2）做法：新鲜鳓鱼去鳞、剖肚、去内脏，洗干净，稍稍沥干水分后放盘中，加适量的盐腌制半个小时。腌制完毕后，加葱、姜和料酒，上锅蒸熟即可。

鳓　鱼

金蒜鳓鱼

（1）材料：鳓鱼750克，猪板油50克，白皮大蒜100克，料酒、酱油、白砂糖、盐、葱、姜、食用油适量。

（2）做法：大蒜剥去蒜衣，洗净；猪板油洗净，切成丁；葱去叶、根须，留葱白，洗净，切段；姜洗净，切片；将鳓鱼刮鳞，去鳍、鳃，剖腹去内脏，洗尽血污，用厨房纸吸去水，在鱼身上抹匀酱油；炒锅置中火上，舀入食用油，烧至六成热，将蒜头投入炸至金黄色，用漏勺沥去食用油，备用；炒锅上火烧热，舀入植物油30克，将鳓鱼两面煎黄，先放料酒，后投入猪板油丁，焖烧一会儿；再加入葱白段、姜片、炸至金黄的蒜头、酱油、白砂糖、盐和清水200毫升，移到旺火上烧至六成熟；再加入熟食用油40克，移到中火上烧约2分钟，再改成旺火，晃动炒锅，待卤汁浓稠即成。

此外，鲥鱼可加工成鱼糕、鱼卷、鱼丸、鱼香肠、鱼罐头等多种方便食品。

五、食用注意

凡患有瘙痒性皮肤病、痈症、红斑性狼疮、淋巴结核、支气管哮喘、肾炎、痈疖疔疮等疾病之人忌食鲥鱼。

鳓鱼失牙的传说

据说，鳓鱼早年是有牙齿的，它看自己浑身银光闪亮，就想找一个跟自己相差不大的鱼结拜兄弟。

它在东面碰着带鱼，在南面看见水潺（即龙头鱼），觉得它们都不配和自己结交，便折回头来，迎面遇到白弓鱼。鳓鱼觉得白弓鱼虽生得有点小，但容貌和自己差不多，就对白弓鱼说："白弓鱼，我们结为兄弟好吗？"

白弓鱼看鳓鱼生得斯文，就答应了。它们两个结为兄弟，鳓鱼年大为兄，白弓鱼年小为弟。

再说东海龙王的女儿多，这一年又贴出选婿的榜文。白弓鱼听得这个消息，就怂恿鳓鱼和它一起去参加选婿大会。白弓鱼的一张油嘴，说得鳓鱼欢欢喜喜。

大会那天，白弓鱼和鳓鱼早早来到水晶宫，看到敖广老龙王坐在銮台上，先是淘汰了腥味极重的海豚，又排除了粗皮硬壳的鲨鱼。当看到白弓鱼和鳓鱼，又觉得它们相貌虽好，可是个子太小，也叫它们退下了。

从早上选到黄昏，老龙王还没选中佳婿。白弓鱼想，反正选不着，就催鳓鱼快走。

鳓鱼看看龙宫外，天色早已暗下来，说："外面暗呀，伸手不见五指，怎么走呀？"

白弓鱼斜着小眼，看看龙宫挂着的龙灯，在鳓鱼耳旁偷说了几句。两个一齐动手，偷下一盏龙灯，白弓鱼提着灯在前，鳓鱼跟在后边，却怎么也跟不上。

明朗朗的龙宫一时灰暗下来。三太子一看，咦，堂上龙灯少了一盏，就大喊一声："谁偷了龙灯？"

狗母鱼赶紧回应：“我看见白弓鱼手提龙灯，鳓鱼没跟得上，还在跑哩。”话说，天暗路生，高高低低，跑不快，没多远，鳓鱼就被三太子追上抓住了。

敖广老龙王擂起龙桌，怒冲冲地说：“鳓鱼，你好大的胆量，我择黄道吉日挑选女婿，你竟敢和白弓鱼合伙偷我龙灯，搅乱龙宫。到底为何，快从实招来！”龙王越说越气：“无知的孽辈，你忘记身上的骨头是谁赐你的？来人呀，把它的骨头抽去，宰掉！”

鳓鱼吓得魂不附体，正想辩解，“刀下留情！”海龟上前一步启奏，“龙王，使不得，使不得，若是把它身骨一抽二宰，它就死了。以臣愚见，鳓鱼助白弓鱼偷龙灯有罪，要罚，但不要抽骨杀头，就拔掉它口中牙齿，好好教训它一下吧！”

“既是丞相求情，就这么办！”虾兵鱼将一齐动手，撬嘴的撬嘴，钳牙的钳牙，不一会，鳓鱼的满口牙齿被拔光了。

老龙王见没抓住白弓鱼，就出了禁令，不准白弓鱼长大！从那时起，白弓鱼便没法长大，身子顶多只有两寸长。

从此鳓鱼的子孙就没牙了，而白弓鱼后代呢，都有了一盏灯。鳓鱼因为白弓鱼当初只顾自己逃命，不顾兄弟死活，所以后来一见到白弓鱼就狠狠咬它，以报怨气。

沙丁鱼

银鲳鲜泽亮为佳，险处犹存意念侪。
祛毒强生兼美味，仙丹妙药转生涯。

——《沙丁鱼》（现代）杨金香

一、物种本源

拉丁文名称，种属名

沙丁鱼（*Saurida elongata*），为硬骨鱼纲、鲱形目、鲱科中沙丁鱼属、小沙丁鱼属及拟沙丁鱼属等鱼类的统称。又名鰯。

形态特征

沙丁鱼体呈圆筒形，向后渐细小侧扁；头略平扁，吻短而钝，口宽大，牙细密尖锐，能倒伏；腭骨上长有牙齿，体被圆鳞；背鳍后方具有1个小脂鳍，臀鳍短小。

习性，生长环境

沙丁鱼广泛分布于太平洋和大西洋，在我国则主要集中于福建、广东沿海，以及北部沿海。

二、营养及成分

每100克可食沙丁鱼鱼肉的主要营养成分见下表所列。此外，其鱼肉含有多种氨基酸及钙、磷、铁、锰、锌、镁、钾、钠、硒等矿物质元素，以及二十碳五烯酸（以下简称“EPA”）和二十碳六烯酸（以下简称“DHA”）等。

水分	72.3克
蛋白质	19.9克
脂肪	2.9克
碳水化合物	1.3克

三、食材功能

性味 味甘，性平。

归经 归心经。

功能

（1）沙丁鱼的鱼肉中不饱和脂肪酸的含量极高，不饱和脂肪酸有利于血液循环，其中的EPA和DHA具有降血压、促进平滑肌收缩、扩张血管、阻碍血小板大量凝结和防止动脉硬化、防治阿尔茨海默病等功能。

（2）沙丁鱼中支链氨基酸（包括亮氨酸、异亮氨酸和缬氨酸）的含量较多，占氨基酸总量的17%。支链氨基酸有助于蛋白质合成、抗衰老和防治肝肾功能衰竭，有益于人体健康。

四、烹饪与加工

油炸沙丁鱼

（1）材料：沙丁鱼300克，豆粉、鸡蛋、盐、食用油适量。

油炸沙丁鱼

（2）做法：辅料加水调匀后，将鱼放入辅料中进行包裹，用食用油炸熟即可。

五、食用注意

痛风、肝硬化患者和对沙丁鱼过敏的人群慎食。

传说故事

秦桧与沙丁鱼

在宋朝，谁要送你两条沙丁鱼，那就是莫大的交情了。这种长在近海的鱼，一尺多长，是美食中的极品，但宋高宗南渡之后，沙丁鱼一度供应不上了。某日，秦桧的老婆王氏进宫，和太后聊天，太后说："哎呀，最近想吃新鲜的沙丁鱼，都没处吃去。"秦桧处世小心翼翼，王氏却没有他那么深的城府，脱口而出："我们家有啊，养了上百条呢，回头我给您送来。"太后听完之后，脸色就变得不太好看。

王氏回家就要把鱼打包送进宫。秦桧一听，大惊失色说："你这不是找死吗？沙丁鱼好吃，御厨里一条没有，我家有一百多条，你让皇上怎么想？"秦桧急得团团转，连忙与门下的食客一起商量对策。最后秦桧终于想出一个办法。他找了一百条与鳓鱼外形相似的青鱼，第二天让王氏送到宫里。太后一见就乐了："哎呀，我说哪儿来那么多沙丁鱼啊？你这老土婆子，原来是分不清楚沙丁鱼和青鱼。"王氏也跟着傻乐，这次危机也就这样被化解过去了。

鳀鱼

渔家有酒对瀛台，小小鳀鱼脾胃开。
诗舌乡愁黄渤好，一张网罟弄潮来。

——《鳀鱼》（现代）汪星群

一、物种本源

拉丁文名称，种属名

鳀鱼（*Engraulis japonicus*），为硬骨鱼纲、鲱形目、鳀科、鳀属鱼类的统称，又名鰛抽条、海蜒、离水烂、鲅鱼食等。

形态特征

鳀鱼成鱼体长一般为75～140毫米，体重5～20克，体长稍扁，后缘和腹缘近平；口大，口裂后缘穿过眼后缘，鼻子钝而圆，但鳃孔体细而圆，易脱落，下颚比上颚短；腹部圆，无棱鳞，呈白色，背部为绿松石色，没有侧线，尾鳍呈叉形。

习性，生长环境

作为嗜热远洋温带水域的小型经济鱼类，鳀鱼具有较强的趋光性和昼夜垂直移动的习惯，尤其是幼鱼，且成鱼与幼鱼均以浮游生物为食。由于生命周期短，常不过3龄，世代更新快，致使年间资源波动很大。鳀鱼为世界性分布鱼种，产量很高，广泛分布于我国的东海、黄海和渤海等海域。尤以日本鳀资源最为丰富，据调查，未开发量至少有400万吨，但捕捞量不多，年产近40万吨。20世纪80年代产量最高的为秘鲁鳀，分布在智利与秘鲁近海，栖息水深25米以内，喜温14～20℃，体长110毫米，体重10克，最高年产（1986年）为494.5万吨，占秘鲁渔业产量的80%；而欧洲鳀年产量在50万～100万吨。

二、营养及成分

鳀鱼含有维生素A、B_1、B_2、B_3、E，此外，还含有人体所必需的氨基酸。鳀鱼干品中粗蛋白、粗脂肪、总糖和多糖的含量分别为59.4%、

16.0%、1.3%和0.2%，含有13种饱和脂肪酸（SFA）、8种单不饱和脂肪酸（MUFA）、6种多不饱和脂肪酸（PUFA）；含有17种氨基酸，占总氨基酸的61.5%，而且必需氨基酸有7种，占总氨基酸的23.8%，特别是必需氨基酸指数为40.25，其比例基本达到FAO/WHO标准。鳀鱼还含有钠、钾、磷、镁、铁、铜、锌、钙、硒、铝、锰、硼、铅、锡、铬等矿物质元素，其中元素铁、锌的含量很高。每100克可食鳀鱼鱼肉的部分营养成分见下表所列。

蛋白质	17.6克
脂肪	12.8克
碳水化合物	1.3克

三、食材功能

性味 味甘、咸，性微温。

归经 归脾、胃经。

功能

（1）《中华药典》记载："温中健脾，补虚强壮。"鳀鱼具有开胃健脾、消水去冷的作用，对倦怠、胸前胀痛、消化不良、营养不良等病症有辅助食疗、促进机体康复之效。

（2）鳀鱼含有丰富的核酸——RNA（核糖核酸）和DNA（脱氧核糖核酸），而RNA和DNA被认为具有帮助人体细胞的新陈代谢、使新细胞更健康、延缓衰老的作用。

四、烹饪与加工

风味鳀鱼酱

鱼干粉是由新鲜鱼经烹调、烘干、粉碎而成。刚捕获的鳀鱼需要立即用大量盐来腌制，然后将内脏和头部取出，逐层放入桶中，每层放一层盐；堆好后，用大石头加压，置于通风处。经过3个月的腌制，鳀鱼会变得非常柔软，容易破碎，把盐洗干净，用勺子轻轻搅拌，再混合其他材料，可制成不同口味的鳀鱼酱。

鳀鱼沙拉

（1）材料：鳀鱼、辣椒调味汁适量。

（2）做法：将鳀鱼放入热水中焯熟，捞出待用；浇上辣椒调味汁。

鳀鱼沙拉

五、食用注意

新鲜鳀鱼不宜久放，要及时烹食；患皮肤疾病和痛风病者勿食鳀鱼。

传说故事

苏东坡与老和尚吃鱼

相传，一天中午，苏东坡去寺庙拜访一位老和尚，而此时的老和尚正在后厨忙着做菜。他偷偷地炖了一条鱼，刚刚端上桌来准备大快朵颐，就听门外有小和尚禀报："苏东坡先生来访。"老和尚怕把吃鱼的秘密暴露，急中生智，将鱼扣在一只磬中，急忙出门迎接客人。两人同至禅房，分宾主坐下，东坡喝茶之时，闻到阵阵鱼香，便向桌上反扣的磬望望，心中有数了。因为磬是和尚做佛事用的一种打击乐器，平日都是朝上放着的，今日反扣着，必有奥妙。

这时，老和尚说："居士今日光临敝刹，不知有何见教？"苏东坡存心和老和尚开玩笑，装着一本正经的样子说："在下今日遇一难题，特来向长老求教。"

老和尚连忙双手合十，说："阿弥陀佛，岂敢，岂敢。"

东坡笑了笑，说："今日，一位友人出了一对联，上联是'向阳门第春常在'，在下一时对不出下联，望长老不吝赐教。"老和尚不知是计，脱口而出："居士才高八斗，学富五车，今日为啥这样健忘？这是一副老对联，下联是'积善人家庆有余'。"

东坡不由得哈哈大笑："既然长老明示'磬（庆）有鱼（余）'，我就来一饱口福吧！"说罢，随手把桌子上反扣的磬翻过来。老和尚见秘密暴露，瞬间就满脸通红，十分羞愧。

虱目鱼

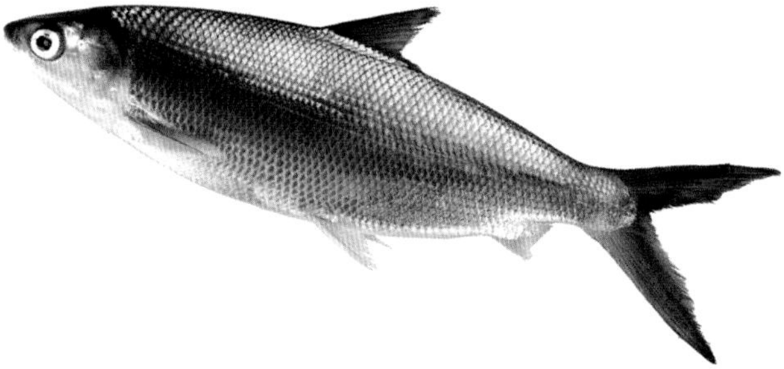

梦授奇鱼真美食，当年复岛助成功。
而今餐桌人青睐，味道鲜香营养丰。

——《虱目鱼》（现代）彭晓

一、物种本源

拉丁文名称，种属名

虱目鱼（*Chanos chanos*），为硬骨鱼纲、鼠鱚目、遮目鱼科、遮目鱼属，又名塞目鱼、麻遮目仔、细鳞仔鱼、麻虱目、海港鱼、麻虱鱼、遮目鱼、国姓鱼、海草鱼等。

形态特征

虱目鱼鱼体的下颌骨缝合处有明显隆起，两颚之间没有牙齿；左右两边的鳃盖膜在腹部位置相连，但与峡部分离；体表鳞片小，头部无鳞，背鳍位于腹鳍背部上部，基部有鳞鞘。

习性，生长环境

虱目鱼是一种温水性鱼类，广泛分布于印度洋和太平洋，在我国主要分布在东南沿海地区，近年来分布区域有所扩展。

二、营养及成分

虱目鱼含有维生素A、E、B_1、B_2、B_3，胡萝卜素（微），还含有多种氨基酸和钾、铜、钙、磷、锌、锌、铁、锰、硒等矿物质元素。每100克可食虱目鱼鱼肉的主要营养成分见下表所列。

水分	65.6克
粗蛋白	20.6克
脂肪	5.5克
灰分	1.3克

三、食材功能

性味 味咸，性微寒。

归经 归肺、脾、胃经。

功能

（1）《常见药用动物》记载：“明目、提神、解毒。”虱目鱼具有滋补、壮体、解毒、镇咳等功效，对腰膝酸痛、淋巴结核、咳嗽等有食疗辅助康复之效果。

（2）虱目鱼骨内含有17种氨基酸和丰富的钙、胶质和磷，氨基酸对人体的肝脏有很好的保护作用，胶质、钙、磷对小孩发育及老人的骨质有补充作用，因此，鱼骨可以熬成鲜美的高汤食用。

（3）虱目鱼不仅肉质鲜美，而且具有特殊的营养保健作用，其鱼肉中的EPA和DHA含量高于鳗鱼，而EPA和DHA是重要的保健物质，可降低胆固醇、预防脑血栓形成和中风等。

（4）虱目鱼油还含有维生素A和维生素E，维生素A可维持眼结膜和角膜的健康，而维生素E具有抗氧化作用，能延缓衰老。

虱目鱼肉

四、烹饪与加工

虱目鱼肉质鲜美，营养价值较高，食用方法较多，适宜煎、烤、煮、蒸、炸、腌、烧等；除了一般鱼类烹饪的吃法以外，还可根据各地区特色，发展出极具乡土特色的美味。

盐烤虱目鱼

（1）材料：虱目鱼1条，食用油1勺，盐、柠檬片适量。

（2）做法：将锅表面擦干，热锅至微温后，先抹上一层薄油于锅面，再将虱目鱼放入锅中；于虱目鱼腹表面撒上适量的盐，盖上锅盖以小火干煎约4分钟直到表面呈金黄色；将虱目鱼翻面，再撒上适量盐于表面后，继续煎约4分钟即装盘；食用前挤上柠檬汁即可享用。

虱目鱼罐头

以虱目鱼为原料，经清洗、挑选、处理、油炸、浸调味液、装罐、封罐、杀菌、冷却、擦罐、装箱等一系列工艺，即可制成营养丰富、香味独特的虱目鱼罐头。

五、食用注意

痛风患者避免食用虱目鱼。

延伸阅读

“虱目鱼”名称的由来

虱目鱼是我国台湾省的特产，虱目鱼在台湾还有“国姓鱼”和“安平鱼”的称呼。据说这与300多年前郑成功（国姓爷）把荷兰人驱逐出我国台湾，并在台南国圣港鹿耳门（即安平）建造鱼塘，放养虱目鱼有关系。

至于“虱目鱼”名称的由来，有说可能与最初看到的虱目鱼苗形状、大小似虱子有关；还有一种说法是郑成功为驱赶荷兰人领军来到台南时，因军饷不够便派人寻找当地食材充实军粮。有一天晚上，郑成功梦见妈祖告诉他，后港有很多鱼，第二天郑成功便让士兵到后港捕鱼，果然获得了大丰收。捕上来的鱼郑成功从没见过，便用闽南语问是“什么鱼”，旁边的人误以为这是鱼的名字，于是这种鱼从此就叫“虱目鱼”（闽南语“什么鱼”的谐音）。

台湾台南县北门乡沿海地区是台湾虱目鱼主要产地之一，为了宣传这一名特产，当地政府在位于北门海涛园游乐区大门入口处，特地塑造了一尾高约1米、长约5米的大虱目鱼雕像。其造型栩栩如生，外来的旅游观光者凡到此地，都想品尝一下虱目鱼的风味。

海鳗

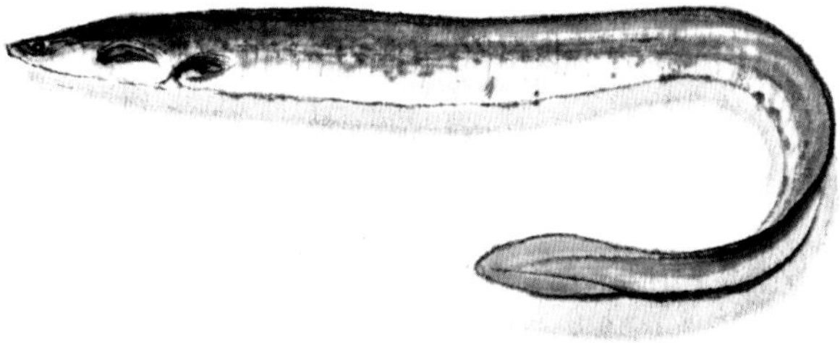

孰云北海鱼，乃与东溟异。
适闻达头乾，偶得书尾寄。
枯鳞冒轻雪，登俎为厚味。
向来昧知名，渔官疑窃位。
有如臧文仲，不与柳下惠。
从兹入杯盘，应莫惭鲍肆。

——《北州人有致达头鱼于永叔者素未闻其名盖海鱼》

（宋）梅尧臣

一、物种本源

拉丁文名称，种属名

海鳗（*Muraenesox cinereus*），为硬骨鱼纲、鳗鲡目、海鳗科、海鳗属，又名门鳗、狼牙鳝、鲫勾等。

形态特征

海鳗体长，躯干部近圆筒状，尾部侧扁；头大，锥状，吻尖长。

海鳗以新鲜、肌肉切面有光泽、鳃色鲜红、体表有一层薄薄透明液、有弹性者佳。

习性，生长环境

海鳗为凶猛的海底鱼类，游动迅速，常栖息在水深50~80米底质为沙泥或岩礁的海区。我国沿海地区均有产出。

海　鳗

二、营养及成分

每100克可食海鳗鱼肉的主要营养成分见下表所列。海鳗脑、卵巢及脊髓中含有较多的脑磷脂、神经磷脂及胆固醇。

水分	73.6克
蛋白质	18.1克
脂肪	4.6克
碳水化合物	0.5克
灰分	0.5克
胆固醇	71毫克
维生素E	1.7毫克
维生素B_1	0.1毫克

三、食材功能

性味 味甘、微咸，性平。

归经 归脾、肺、胃经。

功能

（1）《日华本草》中记载："滋补虚损，祛风明目，活血通络，解毒。"海鳗能通经络、补虚羸、祛风湿、活血，对于面部神经麻痹导致的口眼歪斜、产后痈疮肿毒、关节肿痛、急性结膜炎、气管炎、遗精、神经衰弱、肝硬化、贫血等症有辅助食疗康复效果。

（2）海鳗含有丰富的蛋白质、人体所必需的氨基酸和维生素、矿物质等，经常食用可提高人体的免疫力，对冠心病、慢性胃炎，特别是对自身免疫系统紊乱性疾病如类风湿关节炎有较好的辅助治疗作用。

四、烹饪与加工

海鳗肉质柔嫩鲜美，食用方法很多，如煎、烤、煮、蒸、炸、腌、烧等。

家常海鳗

（1）材料：海鳗1条，盐少许，食用油、酱油、醋、葱、姜、蒜、花椒、香菜适量。

（2）做法：锅中加入食用油，下花椒炸香，捞出花椒，花椒油备用；加入葱、姜、蒜爆锅炒香；加入海鳗，炒出香味；加入少许醋；加入水，水开后加盐盖上锅盖，炖熟后出锅撒香菜末。

香煎海鳗

（1）材料：海鳗干150克，盐、食用油、白砂糖、芝麻、孜然粉、葱、姜适量。

（2）做法：将海鳗干用水泡20分钟，切段；切葱丝、姜丝，将盐、白砂糖、芝麻、孜然粉混合；在锅中倒一勺食用油，放入姜丝爆锅；放入海鳗干煎至两面金黄，正反两面均撒上调料；中火再煎一分钟左右即可出锅。

五、食用注意

水产品过敏者、痛风及皮肤病患者慎食海鳗。

海鳗与狗鱼的故事

海边渔村的许多渔民都以捕捞海鳗为生，然而海鳗的生命却特别脆弱，它一旦离开深海便容易死去，因此渔民们捕回的海鳗往往都是死的。

在村子里，有一位老渔民天天出海捕海鳗，返回岸边后，他的海鳗却总是活蹦乱跳、几乎无死的，而与之一起出海的其他渔民纵然使尽招数，回岸依旧是一船死海鳗。因为活海鳗的价格是死海鳗的几倍，所以没几年工夫，老渔民就成了当地有名的富翁，其他的渔民却只能维持简单的温饱。

时间长了，渔村甚至开始传言老渔民有某种魔力，能让海鳗保持生命。就在老渔民临终前，他决定把秘密公之于世。其实老渔民并没什么魔力，他使海鳗不死的方法非常简单，就是在捕捞上的海鳗中，再加入几条狗鱼。狗鱼非但不是海鳗的同类，而且是海鳗的“死对头”。几条势单力薄的狗鱼在面对众多的“对手”时，便惊慌失措地在海鳗堆里四处乱窜，由此勾起了海鳗们旺盛的斗志，一舱“死气沉沉”的海鳗就这样被激活了。

飞鱼

三春润蓂荚，七月待鸣蝉。
鳐鱼显嘉瑞，铜雀应丰年。
——《和藉田诗》（节选）
（南朝）萧纲

一、物种本源

拉丁文名称，种属名

飞鱼（*Exocoetidae*），为硬骨鱼纲、颌针鱼目、飞鱼科、燕鳐鱼属鱼类的通称。

形态特征

飞鱼长可达45厘米，体型呈椭圆形，稍侧扁；白头红嘴，吻短、眼大、口小位于前位；上下颌较短、等长；周身大圆鳞，侧线较低。飞鱼的背鳍与臀鳍同形，均位于背部远后方；而胸鳍宽长，占体长的1/2~2/3，像鸟的翅膀可用作滑翔；腹鳍长，较为发达；尾鳍为深叉形，下叶长于上叶。

习性，生长环境

目前，世界上飞鱼种类有8属48种，广泛分布于三大洋的热带、亚热带水域，我国有5属29种，沿海地区均有产出。例如常见的飞鱼，产自南海；真燕鳐鱼，产自渤海、黄海和东海；长颌拟飞鱼，产自南海和东海；尖颏飞鱼，产自南海。飞鱼是暖水性中小型上层经济鱼类，喜群集洄游，成群结队掠过海面，有时迅速摆动尾部达到极大速度时可以跃出水面，张开胸鳍滑翔飞行百米以上，可以有效逃避敌害。飞鱼常夜晚飞行，因群起而飞，所以飞翔时似大风掠过。

二、营养及成分

每100克可食飞鱼鱼肉的主要营养成分见下表所列。此外其鱼肉含有维生素A、B_1、B_2、B_3、E，胡萝卜素，还含有多种氨基酸及铁、磷、铜、硒、锌、镁、钾、钙、钠等元素。

水分	70.9克
蛋白质	20.5克
脂肪	0.7克

三、食材功能

性味 味甘，性平。

归经 归脾、胃经。

功能

（1）《本草纲目》记载："补益气血、催产、行气、止痛。"飞鱼可和中补脾、健胃止痛，对气血两亏、痛经、食欲不振、难产、疝气、腹部胀痛等症有辅助食疗功效。

（2）飞鱼的鱼肉中含有丰富的蛋白质，能够有效补充人体必需的各种氨基酸，对身体虚弱和贫血患者有很好的辅助治疗作用。飞鱼富含大量的DHA，长期食用对老年人及儿童尤为适宜。

四、烹饪与加工

飞鱼适宜煎、烤、煮、蒸、炸、腌、烧、烟熏、盐干等加工方式，口感极佳。以飞鱼为原料，经加工可制成高营养鱼粉；其鱼卵为珍贵食品，营养美味。

香味飞鱼

（1）材料：飞鱼120克，姜汁少许，葱20克，姜、蒜各少量，红辣椒少量，醋、酒各2小匙，酱油、高汤各2小勺，白砂糖1小勺，白菜80克，盐少量，小西红柿40克。

飞鱼菜肴

（2）做法：

① 将飞鱼切成适当的大小，浇上酒与姜汁。

② 将葱、姜、蒜、红辣椒切成细末。

③ 在平底盘中加入醋、酒、酱油、高汤、砂糖，加入切好的细末后搅拌。

④ 将烧烤网烤热，放上飞鱼，两面分别翻烤，烤熟为止。

⑤ 在平底盘中放入烤好的飞鱼，腌30分钟左右。

⑥ 将白菜在汤中煮好后切成3厘米长的小块，滤干水分，撒上盐。将飞鱼装盘，添上白菜和小西红柿点缀。

飞鱼子蒸鸡蛋

（1）材料：飞鱼子50克，鸡蛋3个，少量的盐。

（2）做法：把鸡蛋磕到碗中，加入温水，调成蛋液，再放少许盐调匀，然后放入蒸锅，用小火隔水蒸8分钟，打开锅盖以后撒上飞鱼子再蒸2分钟，取出降温即可食用。

五、食用注意

皮肤病患者以及对海鲜过敏者忌食飞鱼。

传说故事

尊敬鱼群

一天，一个青年梦到一条会飞的鱼。

“明天早上到山边的海滩上来找我，”飞鱼说，“我会告诉你一些事”。青年醒来后一直在想他的梦到底是不是真的。不过他还是试着去海边寻找那条飞鱼，果然在礁石上看见一条黑尾巴的大飞鱼。那条飞鱼说：“我要教你如何捕捉我们。”于是飞鱼告诉他如何以芦苇为灯芯做火把来引鱼群，它还告诉青年在3月至6月的时候捕捉飞鱼，到了10月就可以享用晒好的鱼干了。最后它警告青年，一定要尊敬鱼群，绝对不可以咒骂它们。

回到村子后，青年开始照着飞鱼的方法去捕鱼——这个方法一直沿传至今，村中的人也对鱼类十分的尊重，人鱼和谐地相处着。

海鲈

枇杷已熟粲金珠，桑落初尝滟玉蛆。
暂借垂莲十分盏，一浇空腹五车书。
青浮卵碗槐芽饼，红点冰盘藿叶鱼。
醉饱高眠真事业，此生有味在三余。

——《二月十九日携白酒鲈鱼过詹使君食槐叶冷淘》
（宋）苏轼

一、物种本源

拉丁文名称，种属名

海鲈（*Perca fluviatilis*），属硬骨鱼纲、鲈形目、鮨科，又名咸水鲈鱼、海鲈板、海花鲈。

形态特征

海鲈有别于淡水鲈鱼，体型较大，粗而较长，分为白鲈和黑鲈；鳞片十分粗糙，一般身长30~40厘米，体重4~10千克，下颌长于上颌，鱼嘴较尖。海鲈的鱼形和淡水鲈鱼基本相像，但背部和背鳍上的小黑斑较河鲈鱼深。

白鲈背部呈青灰色，腹部较白，体侧有不规则黑色斑点；黑鲈颜色较黑，整体颜色为深黑灰色，黑色斑点不明显。采购海鲈以鲜活度良好、角膜透明清亮、鳃丝清晰呈鲜红色、黏液透明、鳞片光泽并与鱼体贴附紧密、腹部不膨胀者为佳。

习性，生长环境

海鲈生性凶猛，以鱼、虾为食，渔期为春、秋两季，每年的10—11月份为盛渔期。全世界海鲈有近10000种，我国有800余种，主要分布于沿海及通海的淡水水体中，尤以东海、渤海较多，主要产地是山东青岛、石岛，河北秦皇岛及浙江舟山群岛等地。海鲈是我国常见的经济鱼类之一，也是发展海水养殖的重要品种。

二、营养及成分

每100克可食海鲈鱼肉的主要营养成分见下表所列。海鲈鱼肉还含有维生素A、B、E，多种氨基酸和钙、铁、铜、磷、硒、钠、锌、锰、镁、钾等元素。

水分	78克
蛋白质	17克
脂肪	3.1克
灰分	1克
碳水化合物	0.4克
钙	56毫克
磷	13毫克
铁	1.1毫克

三、食材功能

性味 味甘、微咸，性温。

归经 归肝、脾、肾经。

功能

（1）海鲈具有益筋骨功能，对产后少乳、胎动不安、小儿百日咳、妊娠水肿、消化不良、腰膝酸痛、贫血头晕等症，有辅助食疗康复之效果。

（2）海鲈富含蛋白质、维生素A、维生素B、镁、钙、锌、硒等营养元素，因而具有益脾胃、补肝肾、化痰止咳之效，对肝肾功能不足人群有很好的补益作用。

（3）海鲈中还有较多的铜元素，能参与数种物质代谢关键酶的功能发挥，并对神经系统维持正常的功能有一定的助益，铜元素缺乏人群可食用海鲈来补充。

四、烹饪与加工

海鲈蛋白质含量丰富，肉质鲜美，食用方法有很多，如烤、煮、蒸、炸、腌、煎、烧等，以清蒸为最佳。

清蒸海鲈

（1）材料：海鲈1条，姜、葱、蒜、盐、鸡精、料酒、猪油、食用油、酱油适量。

（2）做法：将海鲈剖开，去除内脏和鱼鳃，洗干净，背上切几刀，切口处放入姜、葱片；鱼肚中放入姜、葱、蒜、盐、料酒少许，腌制15分钟以上，去味；把腌制好的鱼冲水，抹上少许盐，放少许鸡精腌制20分钟；姜、葱切丝，撒在鱼身上，装盘；取碗放入猪油、食用油、酱油，调开后均匀涂抹在鱼身上；锅里烧开水，水开放入鱼，盖上盖子蒸10分钟即可。

清蒸海鲈

宫保海鲈球

（1）材料：海鲈1条，姜片、蒜片、花生仁、干红辣椒碎、肉汤、食用油、生抽、醋、甜酱、黄酒、生粉、盐、白砂糖、味精、胡椒粉适量。

（2）做法：将海鲈处理好，洗净、切丁，放入盐、白砂糖、味精、生抽、黄酒、生粉拌匀备用。中火烧热油，将鲈鱼丁炸至金黄色，捞起沥干油备用。下食用油，炒香干红辣椒碎、姜片、蒜片，加生抽、醋、甜酱、肉汤、盐、白砂糖、味精、胡椒粉，最后放入海鲈丁，勾芡即可装盘。

五、食用注意

患有皮肤病疮肿者忌食。

延伸阅读

海鲈的传宗接代

五月的海风还有阵阵寒意，夕阳也收起它最后的一丝霞光，空中的星星像一盏盏小灯，一轮明月高挂在墨蓝的天空上，海水冲刷着岸上的岩石……

螃蟹悠闲地漫步在海边，静静地欣赏着美丽的夜景，突然它看见沙滩上有只小鱼，它转了个方向爬过去，问道："你是谁啊？怎么独自在沙滩上？这里虽然美丽，可是并不安全哦，你的妈妈呢？"小鱼睁着水汪汪的小眼睛说道："我的妈妈是海鲈，前几天还来看过我，她告诉我，我们的家族如果要想延续后代，就要远离大海，将海鲈宝宝产在沙滩，这样我们才能安全地孵化出生。""哦，原来是这样，真是特别的产卵方式，那你什么时候回大海呢？"螃蟹继续问道。小鱼突然看向大海的远处，脸上露出快乐的笑容："妈妈说今晚的潮水会比较大，我可以借着潮水回家啦！"

海风渐渐刮起，浪潮也开始一阵一阵地涌上沙滩，只见小鱼瞬间被海水卷起，它在空中画出一道优美的弧线，在月光下是那样的迷人，螃蟹和小鱼挥手再见，心中念道：海洋的世界实在太丰富了，每个种群都有自己独特的生存方式啊，小鱼和父母的短暂分离也是为了更久的相聚，祝你一路顺风！

带鱼

截玉凝膏腻白，点酥粘粟轻红。
千里来从何处？想看舶浪帆风。

——《从圣集乞黄岩鱼鲊》
（宋）范成大

一、物种本源

拉丁文名称，种属名

带鱼（*Trichiurus lepturus*），为硬骨鱼纲、鲈形目、带鱼科、带鱼属，又名海刀鱼、鞭鱼、带柳、牙带、白带。

形态特征

带鱼身体侧扁，长如带，两颚尖如梭镖，上下颌均有一列尖锐的牙齿；全身光滑无鳞片，体表有一层薄薄的粉末，呈银白色；背鳍很长，几乎覆盖整个背缘，带有很细小的斑点，尾巴呈黑色。

习性，生长环境

带鱼是近海中上层鱼类。因为带鱼常喜欢咬住同伴的尾巴，所以又有“裙带鱼”之称。带鱼为洄游性鱼类，有昼夜垂直移动的习性，白天栖息在水体的中下层，晚间和黄昏才游到水体中上层觅食；带鱼有集群活动的习性。带鱼分布很广，我国沿海都有它的踪迹，和大黄鱼、小黄鱼及乌贼并称为“中国四大海产”。带鱼凶猛贪食，属广食性鱼类，终年摄食（不论产卵期或非产孵期），以捕食小鱼为主，如鲅鱼、鲆鱼、小黄鱼、叫姑鱼、小带鱼和小针鱼等。

二、营养及成分

每100克可食带鱼鱼肉的主要营养成分见下表所列。其鱼肉含有维生素A、B_1、B_2、B_3、C、E，胆固醇，以及多种氨基酸和钙、铁、磷、镁、铜、硒等矿物质元素成分。

水分	73.9克
蛋白质	16.7克
脂肪	4.9克
碳水化合物	3.1克
钾	280毫克
磷	191毫克
钠	150.1毫克
镁	43毫克
钙	28毫克

三、食材功能

性味 味甘，性微温。

归经 归胃经。

功能

（1）《本草从新》记载："补脾益气，补血补虚。"带鱼滋补壮体，和中开胃，补虚泽肤，食疗可辅助营养不良、毛发枯黄或产后乳汁减少等患者康复。

（2）带鱼具有温胃养颜、益气养血、强心补肾、舒筋活血、消炎化痰、清脑止泻、消除疲劳、益精养神的作用，它也是人体优质蛋白质来源。

（3）带鱼的脂肪含量高于普通鱼，富含大量不饱和脂肪酸，可降低胆固醇。特别是带鱼的DHA和EPA含量高于淡水鱼，而DHA是大脑所需的营养素，有助于提高记忆力和思维能力；EPA俗称血管清除剂，对降血脂有好处。此外，带鱼富含卵磷脂，这使得它比普通淡水鱼具有更好的补脑能力。孕妇多吃带鱼有利于胎儿脑组织的发育；儿童多吃带鱼有利于提高智力；老年人多吃带鱼可延缓脑萎缩，预防阿尔兹海默病；

妇女多吃带鱼，可使皮肤光滑湿润，头发黑亮，容颜更美。

（4）带鱼富含人体必需的多种矿物质元素和维生素，是老年人、儿童、孕妇理想的营养滋补食品，特别适用于气短乏力、久病体虚、血虚头晕、营养不良、皮肤干燥的人群。其所含的镁元素，对心血管系统有很好的保护作用，有利于预防高血压、心肌梗死等疾病。

四、烹饪与加工

带鱼肉质较嫩，容易消化，没有泥腥味，是老少皆宜的家常菜。带鱼鱼肉易于加工，如炖、蒸、炸等，也可与多种配料搭配使用，用于制作干锅、火锅等多种菜肴，还可用于制作西餐、日本料理。

清蒸带鱼

（1）材料：带鱼1条，啤酒、白砂糖、葱、姜、盐、蒸鱼豉油适量。

（2）做法：将带鱼处理干净，侧身滚刀处理，以啤酒和白砂糖浸泡15分钟，倒掉啤酒，撒上盐腌制5分钟；切葱花、姜片，铺在盘子上，摆上带鱼段，蒸锅水烧开，放入带鱼后，大火蒸15分钟左右，取出倒掉汤汁；锅中加入蒸鱼豉油，热锅烧油后，淋在蒸好的带鱼上即可。

清蒸带鱼

红烧带鱼

（1）材料：带鱼600克，食用油、姜丝、料酒、酱油、淀粉等适量。

（2）做法：带鱼切段放入碗中，加入少许姜丝、料酒、淀粉，搅拌均匀，腌制20分钟；锅中放食用油，加入鱼块，煎至两面金黄，加入酱油、热水，煮沸；加盐，大火收汁，出锅。

五、食用注意

带鱼属发物，有触发宿疾疮毒之弊，所以，顽固疾病患者应谨慎食用，否则易诱发或加重病情。此外，服抗结核病药异烟肼时也不宜食用。

传说故事

“咬尾巴带鱼”的由来

带鱼和鲃鱼住在同一片海域里，带鱼性格鲁莽，鲃鱼生来滑头，在交往中，带鱼常常吃亏。

带鱼原先是东海龙宫的佩剑武士，整天身佩银剑，威风凛凛。有一天，带鱼不小心把贵为镇海之宝的佩剑弄丢了，这要是让龙王知道了那还了得?！带鱼心里非常着急，连忙到处寻找。

带鱼找呀找，来到一座礁盘边。那里有个鲃鱼，张着畚箕般的大口，正在网罗鱼虾。鲃鱼嘴巴真大呢，它吸一口气，小鱼小虾连带海水就一起被吸进去了，足足有一小桶。这时，带鱼忽然瞥见有个银剑般的东西在鲃鱼嘴边跳动，便“呼”的一下窜过去，但仍然迟了一步，银色东西已被鲃鱼吞进肚里去了。带鱼一见非常生气，便露出狼牙，要和鲃鱼拼命。鲃鱼连忙解释说：“别急，别急！我吞进去的是条银灰色的车子鱼，不是你的佩剑。”

带鱼说：“车子鱼没有这么亮！佩剑一定在你的肚子里。”鲃鱼没有办法，只好把肚子里的东西吐出来给带鱼看，带鱼细细地翻来翻去也没见到佩剑。

鲃鱼哭丧着脸说：“老兄呀，你也不想想，我肚子虽大，可容不下一枚银针，何况一把利剑呢！”

带鱼自知理亏，便不作声了，过了一会又自言自语地说：“那谁会偷我的佩剑呢?”

鲃鱼想，这家伙莽莽撞撞，专门给我添麻烦，我不如骗骗它，让它走远点。于是打个哈哈说：“我看谁也不是！你有所不知，佩剑是龙宫之宝，它自己要来就来，要去就去，要上就上，要下就下。黑夜它藏在海底，无法找到，只有白天，它才浮出海面，与浪花嬉耍。”

带鱼说：“海面这样大，怎样才能找得到呢？”

鲍鱼说：“真是死脑筋，一条鱼去找当然找不到，千万条鱼去找难道还找不到吗？”

带鱼一听，对呀，急忙回去召集全族，叫大家向水面上寻找。

带鱼们在开阔的洋面上，找呀找，从春天找到夏天，从秋天找到冬天。它们顶着寒流，冒着热浪，果然在碧波翠浪之间，见到一个扁平的东西在闪光。一条带鱼便不管三七二十一，猛地向上一蹿，紧紧咬住，死也不放。接着，又有一条带鱼也蹿上去死命咬住。就这样，一而二，二而三，带鱼一条接着一条连成一串。其实，它们紧紧咬住的哪里是银剑，只不过是被渔翁钓到的另一条在海面挣扎的带鱼尾巴而已！带鱼就这样受了鲍鱼的欺骗。

但是，直到今天，带鱼还未醒悟，它们一直还在寻找“银剑”，所以，当渔人只要钓着一条带鱼时，它们便会一条咬着一条，鱼头咬着鱼尾，鱼尾连着鱼头，长长一串地被钓了上来。这就是“咬尾巴带鱼”的由来。

黄鱼

故国老成谁复先，壮心空记语当年。
灌夫失意贫无友，梅福辞官晚作仙。
诗句清新非世俗，退居安稳卜江天。
它年我亦从君隐，多买黄鱼煮复煎。

——《次韵任遵圣见寄》
（宋）苏辙

一、物种本源

拉丁文名称，种属名

黄鱼，为硬骨鱼纲、石首鱼科、黄鱼属，又名黄花鱼，可以分为大黄鱼（*Pseudosciaena crocea*）和小黄鱼（*Larimichthys polyactis*）。大黄鱼也叫大鲜、金龙、黄瓜鱼、红瓜、黄金龙、桂花黄鱼、大王鱼、大黄鲞；小黄鱼也叫梅鱼、小王鱼、小春鱼、小黄瓜鱼、厚鳞仔、花鱼。

形态特征

黄鱼身体侧面扁平延伸，呈金黄色。大黄鱼尾柄细长，鳞片小，体长40~50厘米，椎骨28~30枚；小黄鱼尾柄较短，鳞片较大，体长20厘米左右，椎骨25~27枚。

习性，生长环境

大、小黄鱼形态相近，习性相似，大黄鱼分布于我国黄海南部、东海和南海，其中“舟山大黄鱼”是国内最有名的海水鱼类；小黄鱼分布于我国黄海、渤海、东海及朝鲜西海岸。大黄鱼通常生活在深海中，4—6月向近海洄游、产卵，产卵后分散在沿岸索饵，秋冬季节又向深海区迁移；小黄鱼则是春季时节向沿岸洄游，3—6月产卵后，分散在近海索饵，秋末返回深海，冬季于深海越冬。黄鱼一般食性较杂，主要以鱼虾为食。由于光线的原因，黄鱼在白天被打捞一般呈白色；在夜晚，尤其在没有月光的时候，则呈黄色。

二、营养及成分

每100克可食大黄鱼鱼肉的部分营养成分见下表所列。

蛋白质	17.7克
脂肪	2.5克
碳水化合物	0.8克
钾	260毫克
磷	174毫克
钠	120.3毫克
钙	53毫克
镁	39毫克
维生素B_3	1.9毫克
维生素E	1.1毫克
铁	0.7毫克
锌	0.6毫克
维生素B_2	0.1毫克

每100克可食小黄鱼鱼肉的部分营养成分见下表所列。

蛋白质	17.9克
脂肪	3克
碳水化合物	0.1克
钾	228毫克
磷	188毫克
钠	103毫克
钙	78毫克
胆固醇	74毫克
镁	28毫克
维生素B_3	2.3毫克

维生素E	1.2毫克
锌	0.9毫克
铁	0.9毫克

三、食材功能

性味 味甘，性平。

归经 归胃、肾经。

功能

中医认为，黄鱼有健脾开胃、安神止痢、益气填精之功效，对贫血、失眠、头晕、食欲不振及妇女产后体虚有良好疗效。

（1）大黄鱼

① 大黄鱼含有非常丰富的蛋白质、维生素以及矿物质，可以达到很好的补益身体效果，也可以有效改善身体虚弱的状况。

② 大黄鱼里含有微量元素硒，硒元素有很好的抗氧化效果，能够延缓身体衰老，还能够清除身体因代谢而产生的多余自由基。

③ 大黄鱼中含有的营养物质，对治疗健忘有一定的好处。

④ 大黄鱼中含有全面而优质的蛋白质，对肌肤的弹力纤维构成起到了良好的强化作用，尤其对因压力、睡眠不足等精神因素产生的早期皱纹，有比较好的缓解功效。

（2）小黄鱼

① 小黄鱼的胆能清热解毒、平肝、降血脂；鱼鳔具有润肺、健脾、补气血的功效。

② 小黄鱼中含有丰富的微量元素硒，能清除人体代谢产生的自由基，延缓衰老。

黄鱼肉质鲜嫩可口，烹调后味道清香，食之不腻，可用多种方法烹调，例如清蒸、油炸、烘烤和烟熏等。

黄鱼菜肴

糖醋黄鱼

（1）材料：黄鱼1条（750克左右），什锦果脯75克，葱、姜、蒜、白砂糖、醋、料酒、盐、酱油、淀粉适量。

（2）做法：黄鱼去鳞、鳃、鳍、内脏，洗净，鱼身两面都划上花刀；淀粉加入水、盐，调成糊，把鱼放入烧至五六成热的油锅中炸至金黄色，见发焦时即可捞出摆放在盘子里；在炒锅内放入水、白砂糖、料酒、姜汁、醋、酱油，烧开撇去浮沫，淋入水淀粉烹制成糖醋汁，浇在鱼身上即可。

黄鱼鲞

以黄鱼为原料，结合现代加工技术，对黄鱼进行腌制加工成黄鱼鲞，同时利用超声波结合保鲜剂对黄鱼鲞进行常温贮藏。

黄鱼风味鱼糕

黄鱼风味鱼糕对传统的鱼糕配方进行了改变，以小黄鱼鱼头为主要原料。

黄鱼风味脆片食品

以小黄鱼鱼头为原料制备风味休闲脆片，提高了食物的利用程度，不仅风味独特，还具有较高的营养价值。

五、食用注意

黄鱼不宜与荞麦同食，两者都为不易消化之物，荞麦性寒难消，食之动热风，同食难消化，有伤肠胃。

传说故事

朱元璋吃吕四黄花鱼的故事

明太祖朱元璋洪武开元后，渔业赋税繁重，渔民终年在滔滔大海里跟风浪搏斗，每年总有许多渔民葬身鱼腹，弃下孤儿寡妻。加之渔税收得太多，渔家生活更是苦寒，吕四官员也曾几次上本朝廷要求减轻渔税，但本子上去后如石沉大海，杳无音讯。

渔民中有个叫葛原六的青年，人很聪明，生性又急公好义，他见许多乡亲生活艰难，便决计设法面见圣上，要求减免渔税。

怎么去见皇上呢？葛原六想了一个主意，挑选了100条活蹦乱跳的黄花鱼送到南京去。吕四的黄花鱼与其他地方的不同，满身金光粼粼象征皇家瑞气祥云，无论是红烧还是熬汤，都又鲜又嫩，吃起来打嘴巴都舍不得放，定能让皇上开心。

葛原六将黄花鱼送给了朱元璋，第二天就受到朱元璋的召见，问："葛原六，你怎么会想到送这么好吃的黄花鱼给朕吃？"

葛原六跪在地上，头也不抬，口中说："吾皇万岁万岁万万岁，草贱渔民葛原六专程护送黄花鱼进京，献给皇上，是尽吕四渔民一片孝心。皇上统一寰宇，为民造福，皇恩浩荡，百姓沐恩，故而特来奉献。"这一番话把朱元璋说乐了，说："难得你一片心意，朕要封你官爵。"

葛原六频频磕头，奏道："万岁爷，草民到此绝不是为了封赏，而是启奏皇上一件大事。吕四渔民生活困苦，要求减免税收。"一边说，一边流泪，将吕四渔民苦情一一启奏。

朱元璋听了，当即答应减免渔税，但吕四也要每年朝贡黄花鱼99条，好让皇帝享享口福。

鮸鱼

秋来八月鮸鱼盛，活血滋心补玉身。
定海生来仙体贵，佳肴美味誉双珍。

——《咏鮸鱼》（现代）李金梅

一、物种本源

拉丁文名称，种属名

鮸鱼（*Miichthys miiuy*），为硬骨鱼纲、鲈形目、石首鱼科、鮸鱼属，又名米鱼、敏鱼、美鱼、敏子、米古鱼。

形态特征

鮸鱼体向后延长而两侧扁平，背部和腹部呈浅弧形，一般体长为45~55厘米，体重500~1000克，大的个体可达10千克以上；周身为暗棕色、蓝灰色、褐色，腹部为灰白色；眼圈大，膜透明度高、红亮，口大而略斜，头部被圆形鳞片，鳞片小、表面粗糙；颌孔为4个，中心颌孔与内颌孔呈方形排列，无颌须，上颌外齿和下颌内齿呈犬齿形扩大，内小齿呈带状；两个背鳍连接在一起，中间有一个深深的凹口，背鳍脊的上缘为黑色，鳍中央有一条纵向的黑色条纹；胸鳍的基部是黄色，边缘是黑色，腋上还有一个明显的斑点；其他的鳍则是灰黑色的；尾鳍基部为黄色，边缘颜色略淡，呈楔形状。

习性，生长环境

鮸鱼看起来很像鲈鱼，肉味鲜美，但其肉质较粗糙，主要分布在北太平洋西部，我国沿海地区均有产出，尤以台湾海峡为多。作为有较高经济价值的海洋鱼类之一，鮸鱼也是我国的出口鱼类，每年有大量鮸鱼出口到日本等国家。

二、营养及成分

每100克可食鮸鱼鱼肉的主要营养成分见下表所列。其鱼肉还含有维生素A、B_1、B_2、B_3，胆固醇，钙、锌、磷、钾、镁、铁、硒、钠、铜、锰等元素；此外，还含有人体所必需的氨基酸。

水分	71.3克
蛋白质	18.8克
脂肪	2克

三、食材功能

性味 味甘、咸，性平。

归经 归脾、胃、膀胱经。

功能

（1）鮸鱼可健脾补肾、消炎、止血养血、益胃，对消渴、胃脘不舒、肾虚、劳疲虚损等症有食补促进康复的效用。

（2）食用鮸鱼对治疗再生障碍性贫血、呕血、肾虚遗精、酸痛疖肿、乳腺炎等有良好的功效。

四、烹饪与加工

鮸鱼的全鱼可制作罐头或加工成鮸鱼干、鱼丸、鱼粉；鱼鳔可制鱼胶，有较高的药用价值，具有补肾、养血、润肺健脾和消炎作用；鱼鳞可制鳞胶；内脏、骨可制鱼粉、鱼油。

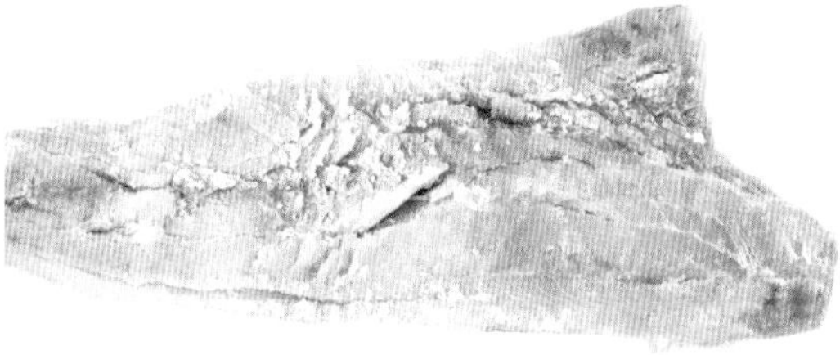

鮸鱼干

鲜煮鮸鱼

（1）材料：鮸鱼1条，盐、食用油、姜、香菜、芹菜、红尖椒适量。

（2）做法：姜切丝，红尖椒切丝，芹菜切段，香菜洗净待用；鮸鱼洗净后用盐腌制10分钟左右；锅内置油，下姜丝、红尖椒丝翻炒；下鮸鱼块翻炒；加适量的温开水，煮至汤变奶白色；下芹菜段，煮至汤浓白，下香菜。

五、食用注意

疾病初愈者慎食鮸鱼，痛风病、皮肤病患者慎食。

鮸鱼之乡——定海

海鱼在渔人的心目中，跟白米饭一样不可或缺，而浙江定海的渔业产量，与普陀、岱山、嵊泗相比，是有一定差距的。

确实，几大经济鱼类的生长海域均不在定海范围之内，定海渔民也就无法和其他县区的渔民比量。当然喽，定海自有定海拿得出手、上得了台面的好东西——鮸鱼。舟山有句老话头：秋季八月吃鮸鱼。而享有“鮸鱼之乡”之称的定海册子岛，大量产出由附近灰鳖洋捕捞而来的鮸鱼。

鮸鱼在渤海、黄海和东南沿海均有分布，为何出自定海灰鳖洋的鮸鱼却能一枝独秀、闻名遐迩？原来那里的鮸鱼肉身厚实、隐含脂肪、味道鲜美，其他地方捕来的鮸鱼无法与之媲美。至于为何，可以举个简单的例子，便能心领神会——享誉全国的大红袍只产于武夷山特定的小环境，如果将它移植到别处，那必定沦为普通茶叶。

灰鳖洋盛产鮸鱼，每年的6—8月为鱼汛旺发期。鮸鱼，一般用溜网捕捞，这是册子岛（包括金塘岛）渔民传统的作业方式。

说到鮸鱼，顺带提到毛鲿——实际上，两者在鱼类分类中同属一科，只是体形差异颇大，就像猫与虎那样。一条成年的毛鲿，一般有七八十斤，因而在民间有“大鱼”之称。每逢鱼汛期，在灰鳖洋上，船上的渔民就能听到毛鲿在海里的怪叫之声。毛鲿身上最有价值，也最为定海人津津乐道的是那条鱼胶——晾干后，在米缸里存放三五年，滋补功效十分显著。而如今，在灰鳖洋捕捞到一条毛鲿，简直成了渔民们的一种奢望，因为这种大鱼几近绝迹，极偶尔地到手一条，便能卖出天价。

梅童鱼

记别秋风裏，闻归禁火初。
深惭聊尔耳，久阙问何如。
梅雪西湖鹤，潮风东海鱼。
经行入诗否，早晚叩精庐。

——《月涧自杭归以诗问讯》
（宋）徐瑞

一、物种本源

拉丁文名称，种属名

梅童鱼（*Collichthys lucidus*），为硬骨鱼纲、鲈形目、石首鱼科、梅童鱼属，又名大头子鱼、大头宝、烂头宝、黄皮、九道箍、大棘头、烂头鱼、梅子鱼、朱梅鱼。

形态特征

梅童鱼一般全长40～100毫米，大者全长可达200毫米；身体长，侧面平，尾柄又长又细，头又大又圆，吻又短又钝，眼睛小，嘴大而斜，嘴的角度达到眼睛的后缘；上下牙齿蓬松，排列成齿带，下巴上没有小洞；黏液腔十分发达；除前后2棘外，枕脊中部有2～3个小刺；全身都是鳞，很容易掉下来；上段为灰褐色，下腹为亮黄色，边线已展开，背鳍棘和鳍条之间有一个缺口，背鳍脊缘和尾鳍末端呈黑色，鳍棘很薄，臀鳍有2个棘，尾鳍呈楔形。新鲜的梅童鱼在黑暗中能发出荧石光。

习性，生长环境

梅童鱼主要分布在朝鲜、日本的西海域和中国的沿海、河口和港口地区，主要是东海及黄海。它们没有长途迁移能力，在长江口的捕捞旺季是4月中旬至6月，产量很高。

二、营养及成分

每100克可食梅童鱼鱼肉的部分营养成分见下表所列。此外，其鱼肉含有维生素A、B_1、B_3、E，还含多种矿物质元素如铁、钠、钙、磷、硒等，以及多种人体所必需的氨基酸。

蛋白质	18.9克
脂肪	2.9克
糖类	0.7克

三、食材功能

性味 味甘，性温。

归经 归脾、胃、肾经。

功能

（1）梅童鱼具有开胃益气、促进食欲的作用，对骨骼发育不良、食欲不振、牙齿发育不全等症有食疗辅助功效。

（2）梅童鱼肉富含蛋白质、氨基酸和微量元素，因此，常吃梅童鱼可有效治疗再生障碍性贫血。除富含钾、镁、磷等主要元素外，铁、硒的含量也很高，特别是硒。科学研究证明，硒缺乏与动脉粥样硬化、冠心病等常见心脑血管疾病的发展密切相关。因此，经常食用梅童鱼可有效预防上述疾病的发生和发展。

（3）梅童鱼肉蛋白中谷氨酸含量较高。谷氨酸在人体代谢中起着重要作用。它是涉及脑组织生化代谢的一级氨基酸，参与多种生理活性物质的合成，对脑、肌肉、肝脏等组织起到解毒作用。

四、烹饪与加工

梅童鱼肉质细嫩，味道鲜美，除了可以红烧、清炖和油炸之外，还可加工成鱼糜、鱼肉馅或鱼丸，也可加工成鱼粉。此外，用玉米饼煮梅童鱼也是理想的吃法，煎食也不错。

油炸梅童鱼

（1）材料：梅童鱼若干条，豆粉、鸡蛋、盐、食用油适量。

（2）做法：辅料加水调匀后，将鱼放入辅料中进行包裹，用食用油炸熟即可。

油炸梅童鱼

五、食用注意

皮肤瘙痒及痛风病患者慎食梅童鱼。

传说故事

“大头梅童鱼”的由来

梅童鱼头很大，长得童稚可爱，所以又叫大头梅童，温州有句歇后语：一篓梅童鱼——都是头。梅童鱼大头有个传说，说东海龙王张贴皇榜为小龙女招东床驸马，梅童鱼托箬鳎鱼去做媒，但又怕箬鳎鱼说不清楚，便自己躲在龙柱下偷听。没曾想，龙王听说梅童鱼想娶自家女儿，觉得梅童鱼不自量力，一巴掌下去，把媒人箬鳎鱼的两只眼睛打在一起。梅童鱼见势不妙，起身就溜，一头撞在龙柱上，额角肿得像铜锤般大，所以成为大头梅童鱼。看来，无论是龙宫还是人间，结婚都讲究个门当户对。不过，梅童鱼真要是娶了小龙女为妻，估计婚后的日子也未必那么轻松自在。

加吉鱼

加吉头，鲅鱼尾。
带鱼肚子，胡椒鲷嘴。

——《真鲷》民谣

一、物种本源

拉丁文名称，种属名

加吉鱼（*Pagrus major*），为硬骨鱼纲、鲈形目、鲷科、真鲷属，又名鲷鱼、红加吉、铜盆鱼、大头鱼、小红鳞、加腊、赤鲫、赤板、天竺鲷、红笛鲷、石鲷等。

形态特征

加吉鱼体高、侧扁平，呈椭圆形，长50厘米以上；体呈银红色，有淡蓝色的斑点，尾鳍边缘呈绿黑色；头大、口小，上下颌牙前部呈圆锥形，后部呈臼齿状，后鼻孔呈椭圆形；体被栉鳞，背鳍和臀鳍具硬棘。

习性，生长环境

加吉鱼主要分布于中国沿海区域，以辽宁大东沟，河北秦皇岛，山东烟台、龙口、青岛为主要产区。

二、营养及成分

每100克可食加吉鱼鱼肉的主要营养成分见下表所列。其鱼肉还含有多种氨基酸。

水分	74.9克
蛋白质	19.3克
脂肪	4.1克
碳水化合物	0.5克
磷	175毫克
钙	64毫克

维生素B_3	3.4毫克
铁	1毫克
维生素B_2	0.1毫克

三、食材功能

性味 味甘、微咸，性微温。

归经 归脾、胃、肺经。

功能

（1）加吉鱼的营养丰富，其中不仅富含蛋白质，同时还富有钙、钾、硒等矿物质元素，都是人体必需的营养物质。

（2）加吉鱼肉富含的胶原蛋白可以改善肌肤问题，让肌肤变得光泽有弹性，延缓肌肤衰老，减少皱纹、淡化色斑。

（3）加吉鱼具有健脾和胃、清食止咳、补肾益肝、润肠通便的作用，同时还能调经、通血、养阴、补虚、解酒、消炎。

四、烹饪与加工

加吉鱼的鱼肉香嫩鲜美、汤汁醇鲜、营养丰富，可做成清蒸加吉鱼、豉香加吉鱼、加吉鱼鱼汤等美味菜肴。

加吉鱼菜肴

豉香加吉鱼

（1）材料：加吉鱼1条，黄酒、白砂糖、醋、生抽、盐、香菜、豆豉、蒜、姜、葱、红辣椒、食用油适量。

（2）做法：热锅热食用油煸香豆豉和姜丝；加吉鱼斜切花刀入锅；每面煎2分钟；加1大勺黄酒、2大勺白砂糖、1小勺醋、2大勺生抽、蒜末、葱末、1杯水、半勺盐；中火煮到汤汁基本收干，撒些红辣椒和香菜大火继续烧2分钟即可。

加吉鱼鱼汤

（1）材料：加吉鱼1条，姜、醋、白砂糖、料酒、盐、白胡椒粉、罗勒叶、食用油适量。

（2）做法：热锅温食用油，爆香姜片，放入处理好的加吉鱼；2分钟后将鱼翻面，另一面也煎2分钟，让每一面都煎出金黄色；加入开水煮到沸腾，加料酒继续旺火煮2分钟，再加入白砂糖、醋、罗勒叶，转小火煮30分钟，直到汤变浅白色；加盐、白胡椒粉调味即可。

胶原蛋白肽

以加吉鱼鱼皮、鱼鳞为原料，利用生物酶解法，可制备胶原蛋白肽；还可以利用超滤分离及超声波技术，制备鱼胶原肽锌螯合物。

五、食用注意

患有皮肤瘙痒、痛风病者建议少食或不食加吉鱼。

延伸阅读

日本侵捕加吉鱼

1911年的春天，在胶东半岛北部的龙口海域，突然出现了一群日本捕鱼者的身影。

在这群捕鱼者当中，为首的两人名叫田万吉中和漱光市比，他们此行的目的是试捕鲐鱼。鲅鱼和鲐鱼是东亚地区比较常见的海鱼，而龙口到莱州湾之间的海域，在当时又是比较有名的渔场，这群日本捕鱼者因此慕名前来，当然了，不管是按照现代的领海概念还是当时的传统观点，他们都是非法的。

当时的晚清政府，国力衰微、风雨飘摇，外国军舰尚且可驶入中国内河，又何况几只在海边捕鱼的民船呢？于是，这群日本捕鱼者在胶东沿海大摇大摆，肆无忌惮。

说起来，这帮人也是颇为幸运，几网撒下去，他们居然捕到了鲷鱼。所谓鲷鱼，就是加吉鱼的另外一个名字。为何叫加吉鱼呢？史料《烟台水产志》中记载了一种说法：“因鱼名贵，是上等人必食之物，又因体色艳红是吉庆之意，故名甲级，宴席上有它可代替鸡，故又称家鸡。”而在老福山县志当中，它又被写作“鱼加鲯”“加级”“嘉鲯”等名字，字虽然不太一样，但读音都差不多，后来经演化，统一命名为加吉鱼，寓意颇佳。加吉鱼不仅在中国名贵，在日本更是被视为鱼中上品，鲷鱼寿司是当地相当高档的一道菜。日本对加吉鱼的需求量颇大，而周边渔场供应量有限，因此，发现鲷鱼对于日本渔民来说可谓天大的好消息。史载，自宣统三年（公元1911年）开始，日本渔船就大肆在胶东近海的莱州湾一带侵捕真鲷（红加吉称真鲷，黑加吉称黑鲷，真鲷更为名贵），这一过程一直持续到20世纪40年代日本战败投降，但是已经被掠夺走的鲷鱼资源规模颇大。

日本渔船退出之后，经过多年的休养生息，胶东近海的鲷鱼资源逐渐恢复。在集体经济时期，它也成为国家重点收购的海鱼产品。进入市场经济后，随着民间鱼市的活跃，加吉鱼开始逐渐走入千家万户。虽然名贵，但因为寓意好且味道美，它逐渐成为胶东婚宴上的压轴菜，常见的做法就是葱油加吉鱼。

金枪鱼

形若鱼雷出远洋，洄游飞速体如刚。
多维元素丰营养，肉喜生凉倍鲜香。
低蛋白，少脂肪，藏冰可制好皮装。
浑身是宝难言尽，药食同源各有方。

——《鹧鸪天·金枪鱼》
（现代）尚桂凤

一、物种本源

拉丁文名称，种属名

金枪鱼（*Thunnus thynnus*），为硬骨鱼纲、鲈形目、金枪鱼科、金枪鱼属鱼类的统称，又名鲔鱼、吞拿鱼。

形态特征

金枪鱼体长1~2米，最大体长约3.5米，体重达600~700千克，稍侧扁，呈纺锤形；吻尖且圆；体被细小圆鳞，胸部鳞较大，形成胸甲；每侧具1个中央隆起的嵴以及2个小的侧隆起嵴；背鳍2个，相距较近，并且第2背鳍与臀鳍形状相似，其后各有小鳍6~9个；尾柄细、平扁，尾鳍呈新月形。

习性，生长环境

金枪鱼为大洋性中上层鱼类，游泳迅速，常做远距离洄游。由于其具发达的皮肤血管系统，因此血温可以超过所在水域温度10℃左右。其主要食用鱼类、虾类和头足类，生长繁殖较快，寿命较长，最大年龄多在10龄以上。金枪鱼属共有7种，即金枪鱼、南方金枪鱼、长鳍金枪鱼、大眼金枪鱼、黄鳍金枪鱼、大西洋金枪鱼和青干金枪鱼，是世界重要的经济鱼类之一，主要分布于太平洋、大西洋、印度洋这三大洋的热带、亚热带海区，我国南海和东海也有一定的产出。

二、营养及成分

每100克可食金枪鱼鱼肉的主要营养成分见下表所列。另其鱼肉含有维生素A、C、B_1、B_2、B_3、D、E，胆固醇，多种氨基酸，还含钙、钾、磷、钠、锌、铁、铜等元素。金枪鱼的各个部位的生物成分含量略有区别，鱼背含有大量的EPA，而前中腹部则含有更为丰富的DHA。

水分	68.7克
蛋白质	28.3克
脂肪	1.4克
糖类	0.1克

三、食材功能

性味 味甘、咸，性温。

归经 归脾、肾经。

功能

（1）《中华药典》记载：“补虚、壮阳、除风湿、强筋骨。”即金枪鱼具有填精、益髓、强身、壮体之功效，对虚劳阳痿、性功能减退、风湿痹痛、糖尿病、筋骨软弱、脾胃虚弱、食少、腰膝酸软、乏力等症有食疗辅助功效。

（2）金枪鱼是女性美容、瘦身的健康食品。金枪鱼肉低脂、低热量，还含有优质的蛋白质和其他营养成分。食用金枪鱼，不但可以保持身材，还可以平衡身体所需要的营养。

（3）食用金枪鱼能强化肝脏功能，改善身体健康。

（4）食用金枪鱼类食品可有效降低血脂，达到疏通血管的作用，最终有效地预防动脉硬化的发生。

（5）金枪鱼中的牛磺酸、EPA、蛋白质均有降低胆固醇的功效。经常食用，能有效增加良性胆固醇含量，减少血液中的恶性胆固醇，从而预防胆固醇含量高所引起的相关疾病。

（6）金枪鱼油是优质的健脑保健产品，其中含有丰富的DHA成分，可增强理解力及记忆力，经常食用可利于脑细胞的再生，有效预防老年痴呆症。此外，DHA可使视网膜变软，提高视网膜反射机能，强化视力，预防近视，而EPA则可促进DHA在体内发挥作用。金枪鱼的眼睛也具有延缓老人记忆衰退、促进儿童大脑发育的作用。

四、烹饪与加工

金枪鱼肉质柔嫩鲜美，有很多食用方法，世界上大约一半产量的金枪鱼被用于制作生鱼片，在我国通常对其进行油爆、红烧等加工。经典做法是将鱼头和鱼尾进行烤制，而金枪鱼的针骨粗大，可用于熬汤。

金枪鱼鱼肉

金枪鱼鱼松

金枪鱼鱼松是一种以其鱼肉为原料，经蒸煮、调味、炒制而加工成的营养食品，它状似绒毛，疏松可口，越嚼越有味道，是一种营养的美味佳肴。

鱼松加工的工艺流程为，原料→解冻→漂洗去腥→蒸煮→去鱼刺→压榨→搓松→调味炒松→冷却→称量→包装→成品。因金枪鱼肉中脂肪含量高，使鱼肉制品中存在鱼腥味，所以应采用萃取的方法先去除脂肪以减少异味。

金枪鱼罐头

金枪鱼罐头是水产品罐头的重要品类，已经形成了一系列罐头产品，将金枪鱼加工成罐头，不仅食用方便，而且可延长其贮藏期，增加其商品价值。用以加工罐头的金枪鱼主要是长鳍金枪鱼和黄鳍金枪鱼，国外已生产出各种各样的金枪鱼罐头，如原汁、玉米、油浸、蔬菜汁、果冻、茄汁金枪鱼等。

金枪鱼罐头

五、食用注意

（1）孕妇、肝硬化病人不宜食用金枪鱼。

（2）皮肤病患者及对海鲜过敏者忌食金枪鱼。

金枪鱼和三文鱼的较量

一天早晨，在菜市场发生了一件令人难以想象的事情，两条从没什么交集的鱼，竟然在这一天相遇了，于是就有了接下来有趣的画面。

人来人往的菜市场中，在一个小贩摊位上，金枪鱼瞪大眼睛看着一条三文鱼，心想：这个家伙就是别人常说的可以和我相提并论的那条鱼，也不怎么样嘛。

金枪鱼气鼓鼓地说："喂，你这个家伙凭什么和我相提并论啊？"

三文鱼一脸迷惑地说："你是谁啊？我又不认识你。"

金枪鱼说："我叫金枪鱼，生活在海洋里。"

三文鱼优哉游哉地回答："哦哦，你好，我叫三文鱼，既可生活在海洋，也可生活在淡水区域。"

三文鱼很疑惑，接着问道："你为什么说我和你相提并论呢？我们并没什么交集。"

金枪鱼说："因为很多人都在讨论我们二者到底谁更好。"

三文鱼突然很得意："那当然是我好，我的肉质细腻，口感肥嫩，颜色好看。"

金枪鱼不服气地说："我的肉质鲜嫩，蛋白质含量高，而且脂肪含量低。"

三文鱼不屑地看了金枪鱼一眼，说道："我价格比你便宜。"

金枪鱼讥笑了一下："我富含人体所需的微量元素等矿物质，有助于人类大脑的发育，对肝脏疾病有着预防作用。"

三文鱼想了想，说道："就算你比我的营养价值高，但是你的产量不如我多，我是可以被人工养殖的，而人工养殖你的难度大。”

金枪鱼嘲讽着说：“你产量是多，可是物以稀为贵呀！”

……

在金枪鱼和三文鱼的争执中，喧闹的菜市买卖还在进行着，金枪鱼也已经被切割而卖掉了，而三文鱼也已经被买走，可能现在已经被吃掉了吧。

金线鱼

酷似牢之玉不如，落星山下白云居。
春耕旋构金门客，夜学兼修玉府书。
风扫碧云迎鸷鸟，水还沧海养嘉鱼。
莫将年少轻时节，王氏家风在石渠。

——《余谢病东归，王秀才见寄，今潘秀才南棹奉酬》

（唐）许浑

一、物种本源

拉丁文名称，种属名

金线鱼（*Nemipterus virgatus*），为硬骨鱼纲、鲈形目、金线鱼科、金线鱼属，又名小鲈鲤、红三鱼、波罗鱼、黄线、红衫、红哥鲤、洞鱼、吊三、吊鲤、立鱼等。

形态特征

金线鱼体长130～310毫米，体重60～310克；体态长，全体呈浅红色，腹部较淡；背部和腹部钝而圆；头部和背部圆而凸，鼻部钝实，眶前骨宽大于眼径，口斜；上颌骨在眶前骨下，上颌前部有8颗大圆锥牙，上下颌两侧为细小圆锥齿；犁骨、腭骨及舌上均无牙；体被薄栉鳞，背鳍与臀鳍基本无鳞，背鳍鳍棘部与鳍条部完全相连，鳍棘与鳍膜间缘完整，尾鳍分叉，上叶的末端呈丝状延伸。

习性，生长环境

金线鱼喜欢生活在泥泞的海域，水深30～100米，适温19～23℃，是温水经济鱼类之一，广泛分布于从菲律宾、中国到日本南部的西太平洋区域。在我国主要产于南海和东海，尤其是在广东沿海常年存在，在黄海南部也可能有所捕获，其在南海产卵期为4～5月，由外海向近岸做生殖洄游，5月后大部分产卵完毕，鱼群则向外海深处分散。

二、营养及成分

每100克可食金线鱼鱼肉的主要营养成分见下表所列。此外，其鱼肉含有维生素A、E、B_1、B_2、B_3，胡萝卜素和多种氨基酸，还含有磷、钙、铁、锌、硒等矿物质元素。

水分	71.5克
蛋白质	18.6克
脂肪	2.9克
灰分	1.4克

三、食材功能

性味 味甘，性温。

归经 归脾、胃、肾经。

功能

（1）《滇南本草》记载："滋阴调元，暖肾添精。"金线鱼可消食健胃、止咳化痰、补肝肾，对消化不良、小儿百日咳、水气、风痹等症有食疗辅助康复效果。

（2）妊娠期水肿、慢性肾炎、习惯性流产、慢性肠炎、产后乳汁不足及贫血头晕等疾病患者食用金线鱼有助于康复。

四、烹饪与加工

金线鱼

金线鱼为海产经济鱼类之一，肉质鲜嫩，可供鲜食或制成咸干品，是相当大众化的食用鱼类，适合各种烹调方式，例如清蒸、红烧等，味道鲜美、营养丰富，此外，如果将其与豆豉同蒸食也别具风味。

清蒸金线鱼

（1）材料：金线鱼2条，姜、葱、食用油、盐、麻油、胡椒粉、蒸鱼豉油适量。

（2）做法：去除金线鱼内脏与鱼鳃，洗净后用适量盐、麻油抹匀；碟底放少许姜丝，然后将鱼放上，再放少许姜丝在鱼身上；隔水蒸3分钟后倒去多余汁液；然后再继续蒸5分钟；放上葱丝及胡椒粉，淋上熟食用油和蒸鱼豉油即可。

红烧金线鱼

（1）材料：植物油，金线鱼3条，尖椒、红辣椒各1个，葱2根，姜1块，蒜4粒，盐1汤匙，江米酒半勺，酱油1勺，白砂糖半勺。

（2）做法：金线鱼去鳞、去鳃、去内脏备用，清洗干净后沥干水分，用盐涂抹鱼身，腌制1个小时以上；葱切段，蒜拍扁，姜、尖椒、红辣椒切成菱形块；煎锅下植物油烧热后放入一部分姜片，用厨房用纸抹干鱼表面的水分，然后放入煎锅里，中小火将鱼煎至两面金黄，小心铲出放入盘里；锅内下油爆香蒜瓣和余下的姜片；淋入江米酒，盖上盖子焖一会；再倒入白砂糖、酱油和半碗清水，调中小火，盖上盖子焖一会；中途将鱼翻面，焖至水分略收干，然后放入葱段再焖一会即可。

五、食用注意

患有皮肤病、疮肿者忌食用金线鱼。

金线鱼与张三丰的故事

张三丰修道多年，在民间做了不知多少好事，早有仙名，但要位列仙班，须向人王讨封，将来回归天界，再受神王封赐。

张三丰在京城顺利地向皇上讨封后，便隐身而去。过了一段时间，皇上想起张三丰曾答应给自己作画一幅，便向众臣打听三丰的下落，众臣奏道："张三丰常在云南昆明出现，他画得一手好画。"皇上言道："得他画一张就好。"众臣奏道："这有何难，派人往云南探访就是。"于是皇上派钦差来到昆明寻找三丰。

一日，钦差来到海心亭（今昆明翠湖），只见许多人围住一个衣服褴褛、头戴小毡帽、身背烂背箩的疯道人求医问药，有的叫他三老爹，有的叫他三丰老爹。钦差听见，忙叫侍从分开众人，上前言道："主上访你。"三丰转身欲走，被钦差抓住背箩，定要请他画张画。三丰被缠不过，只得依允。侍从将画轴打开，三丰用草鞋溅上阴沟泥，胡乱在绸绢上东抹西涂，画完言道："不准打开，带到京城，请皇上过目。"三丰又手指东方说："哎！你看，真的三丰来了。"钦差一回头，三丰突然不见，钦差只得带着污泥画卷回京交旨。

交旨之日，御花园万紫千红，百花盛开，皇上心旷神怡，来到御花园养鱼池观鱼。钦差呈上画轴，皇上就在池边把画打开观看，突然从画上跃出几条活蹦乱跳的金线鱼，跳入池中。从此，京城也就有了金线鱼。

鲳

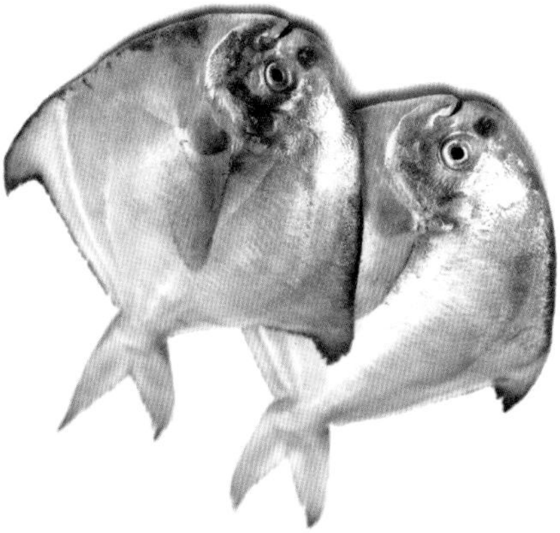

东海波微飘银鲳，神交聚会杜康香。
木奴鱼婢何足录，晚食由来肉未忘。

——《观聚会》（清）江洮

一、物种本源

拉丁文名称，种属名

鲳（*Pampus*），为硬骨鱼纲、鲈形目、鲳科、鲳属鱼类的统称，又名昌侯鱼、昌鼠、狗瞌睡鱼、镜鱼、平鱼、白鲳、鲳鳊、叉片鱼等。“鲳”与“昌”同音，昌，美也，以味美得名。

形态特征

鲳周身覆盖着小而圆的鳞片，身体侧线完整，体位高且平，银灰色，呈椭圆形或近似菱形；头小，吻圆，嘴小，略突出，下颚有一排较小的牙齿；胸鳍、背鳍较长，臀鳍与背鳍相似，尾鳍分叉颇深，成年鱼腹鳍消失。

鲳

习性，生长环境

鲳主要以小鱼、甲壳类动物等为食，是一种近海鱼类。作为有经济价值的鱼类，鲳产量大，产区主要分布于中国沿海地区，其肉质口感极佳，可做成罐头食品。鲳以鲜度良好，角膜透明清亮，表面有透明黏液、有光泽且鱼体鳞片紧密，肌肉坚实有弹性，腹部不膨胀者为佳。

二、营养及成分

经测定，每100克可食鲳鱼肉的部分营养成分见下表所列。其鱼肉同时含有维生素A、B_1、B_2、B_3、E，胆固醇，胡萝卜素及钾、镁、铁、锰、锌、铜、磷、钙、钠、硒等元素，还含多种人体必需的氨基酸。

蛋白质	18.5克
脂肪	7.3克

三、食材功能

性味 味甘，性平。

归经 归脾、胃经。

功能

（1）《本草纲目拾遗》记载鲳“肥健，益气力”，对消化不良、脾虚泄泻、筋骨酸痛、四肢麻木有食疗辅助康复的效果。

（2）鲳含有丰富的不饱和脂肪酸，有降低胆固醇的功效；含有丰富的硒和镁等矿物质元素，对冠状动脉硬化等心血管疾病有预防作用，可延缓机体衰老。

四、烹饪与加工

清蒸鲳

（1）材料：鲳1条，葱、姜、五花肉、豆豉、食用油适量。

（2）做法：将鲳洗干净，下油锅微煎1分钟左右，至鱼肉约三成熟时起锅；姜、葱洗干净切丝（长2～4厘米）；五花肉切片（方形）放在碟子上，随后摆入鲳，撒上姜丝、葱丝、豆豉；放入已上汽的蒸锅，隔水蒸8～10分钟即可出锅。

香煎金鲳

（1）材料：金鲳2条，面粉、姜、葱、蒜、料酒、食用油、酱油、白砂糖、盐、柠檬、辣椒适量。

（2）做法：金鲳两面沾上干面粉后，下油锅煎至金黄色起锅（5分钟左右）；葱、姜、蒜切片后热油爆香；加入料酒、酱油、白砂糖、盐；再次将金鲳入锅小火焖煮2～3分钟即可食用，可加入柠檬、辣椒点缀。

香煎金鲳

秘制浓香鱼煲

（1）材料：鲳1条，豆腐干、蒜、生姜、蒜苗、香菜、洋葱、五花肉、蚝油、酱油等适量。

（2）做法：姜切片、蒜苗切段、香菜切段、洋葱切片、蒜切末、五花肉切块；金鲳、五花肉洗净，下锅爆炒1分钟左右；加入豆腐干、姜片、蒜苗段、洋葱片、蒜末、蚝油、酱油入锅焖5~8分钟起锅，最后撒上香菜段即可。

冷冻鲳

鲳经初筛，漂洗，沥水，人工复检，称重，装袋，装盒或装盘，速冻，金属探测等工序，即可包装入库，冻藏。

五、食用注意

患有瘙痒性皮肤病者忌食鲳。

鲳身扁无鳞的传说

据说很久以前鲳并不像现在这样扁扁的，浑身无鳞无甲。那时，它的身体圆溜溜的如黄花鱼，每天穿着碧绿的衣裳，和黄花鱼的黄金鳞甲交相辉映。

有一天，鲳和黄花鱼一起到鹿西湖游玩，不料黄花鱼被渔网钩住，鲳一看，慌了手脚，费了好大力气，才使黄花鱼脱险，但是黄花鱼已昏迷不醒。鲳知道不远处有一块海底礁上长的“万能草”能救黄花鱼，只是要想到礁石上，必须通过一条长长的狭道。

鲳安顿好黄花鱼，独自游到岩礁缝边，头一伸，用力摆动尾巴，一点一点挤进缝隙。慢慢地，头钻尖了，身挤扁了，鱼鳞全部都被挤掉了，浑身挤出一条条带血的伤痕。它顾不得全身针刺一般的疼痛，仍然鼓着劲儿向前挤，终于从狭缝中挤了出来。它强忍着疼痛，游到海底礁石旁，采到了“万能草”。吃过“万能草”的黄花鱼渐渐苏醒了，它睁眼看到伤痕累累的鲳，知晓鲳为救自己吃尽了苦头，大哭起来。

从此，鲳就变成现在这个样子：尖尖的头颅，扁扁的身体，浑身没有鱼鳞，背部却长出了一层青白色的薄皮，像一面平镜。为了表彰鲳无私的品德，龙王就把鹿西湖中的一块岩礁改造成了鲳的形象。

人们传称鲳礁，每年到三五月间，一群群鲳陆续经过洞头洋，游向鹿西湖的鲳礁。后来人们又叫鲳为“鲳鳊”或“镜鱼”。

鲹鱼

海南天空月皎皎，三山如卷海如沼。
绿衣歌舞不动尘，海仙骑鱼波袅袅。
翩然而来坐芳草，宰如白月射林杪。
洗妆不受瘴烟昏，缟袂初逢鸿欲娇。

——《罗浮美人歌》
（元）杨维桢

一、物种本源

拉丁文名称，种属名

鲹鱼（*Decapterus maruadsi*），是硬骨鱼纲、鲈形目、鲹科鱼类的统称，又名刺巴鱼、圆鲹、巴浪、棍子鱼、池鱼等。

形态特征

鲹鱼体细长、侧扁而高、形状多样，如纺锤形、椭圆形；尾柄细小，而在某些物种中，尾柄的背侧和腹侧有槽，而两侧有脊。一般来说，它们被小的圆形鳞片覆盖，有些物种鳞片退化，被埋在皮肤下或暴露在某些区域；侧线完整，前部或多或少弯曲，有时全部或部分有鳞；脂眼睑发达，上下颌一般都含有牙齿，一列或呈绒毛齿带，而且鋤骨及舌面通常有齿带；鳃盖膜分离，不与喉峡部相连；前鳃盖骨在幼鱼时具小刺，成鱼则平滑；鳃耙通常细长，亦有退化呈瘤状者；2个背鳍分离，在第一背鳍的前面，通常有一个仰卧的背脊，由一个膜连接，在某些种类中，第一背鳍脊随着生长而逐渐退化甚至消失，第二基底长，前鳍有时像丝一样伸长，臀鳍和第二背鳍形状相同，前部有两个自由的硬刺，有时埋在皮肤下，第二背鳍和臀鳍后部有一个或多个鳍；胸鳍宽、短或细长呈镰状，尾鳍呈叉状。

习性，生长环境

鲹鱼的分布与暖流的关系甚为密切，主要分布于印度洋、太平洋、大西洋热带和亚热带水域，也可随暖流到达纬度较高的海区，盛产于我国沿海地区。该类鱼种类繁多，据不完全统计，目前世界上约有4亚科32属140种，是世界重要暖水性和暖温性海洋经济鱼类。

二、营养及成分

每100克可食鲹鱼鱼肉的部分营养成分见下表所列。此外，其鱼肉还含维生素A、B_3、E及氨基酸，矿物质元素磷、钙、铁、硒等。

蛋白质	17.9克
脂肪	3.6克
碳水化合物	6.9克

三、食材功能

性味 味甘、咸，性微温。

归经 归脾、胃经。

功能

（1）鲹鱼含有多种维生素、氨基酸和蛋白质，有镇痛、消炎之功能。

（2）对胃胀不舒服、胃寒、胃痛、脾虚泄泻患者有食疗辅助康复的效能。

四、烹饪与加工

鲹鱼肉质鲜美滑嫩，食用方法有很多，如腌、煎、煮、蒸、炸、烤、烧等。

鲹鱼菜肴

茄汁鲹鱼罐头

茄汁鲹鱼罐头是将经过初步处理或盐渍的鲹鱼原料，装入罐后加入番茄汁或装罐预蒸煮后再加入番茄汁，经排气、密封、杀菌等工艺制成的罐头食品。这种罐头要求番茄汁及水产品两者风味兼而有之，故对番茄汁的质量与加入比例要求较严，其中对水产品原料的要求是：肉质有弹性、骨肉紧密联结的鲜品或冻品。中国茄汁鲹鱼罐头远销欧美各国及我国港澳等地，是传统的出口水产罐头制品。

鲹鱼肉松

制备步骤包括降低腥味处理、蒸煮处理及鲹鱼肉松制作。其中，降低腥味处理具体步骤：将处理后的冰鲜鲹鱼浸泡在体积比例为1：1：2的料酒、白醋和蒸馏水混合液中，要保证鱼体浸没在液体中，同时加入切碎的质量为液体质量30%的生姜末，浸泡30~35分钟。蒸煮处理具体步骤：在蒸盘上铺一层生姜片，将浸泡处理后的鲹鱼单层放置在生姜片上面，然后在鱼体的上面再铺一层柚子皮中间的柔软白色海绵部分，待蒸锅中的水煮开后，再将蒸盘放入蒸锅中蒸煮处理5分钟左右。鲹鱼肉松制作具体步骤为在炒锅中加质量百分比为10%～12%的精制牛油或黄油，中小火加热使油温上升，油开始冒烟后将上述处理过的鲹鱼肉放入锅中翻炒3～4分钟，往鱼肉中添加鱼肉质量的0.5%的五香粉和0.5%的生姜粉后，继续翻炒3～4分钟，关掉热源，将鱼肉松半成品转移至载物盘中，平铺，厚度不超过3毫米，放入100～105℃的鼓风烘箱中烘烤60～80分钟，取出冷却到40℃以下后，用油布将鱼肉松包裹起来，用擀面杖来回滚压处理3～6分钟，将滚压处理后的鱼肉松重新平铺在载物盘上，厚度一般不超过3毫米，再次放入100～105℃的鼓风烘箱中烘烤处理30～40分钟。

五、食用注意

（1）对海鱼过敏及皮肤疾病者慎食鲹鱼。

（2）鲜食较为安全，如果久放一段时间，鲹鱼肉中的组氨酸会很快分解，生成有毒性的组氨物质。如果人们食用了这种物质，会发生食物中毒现象。

延伸阅读

珍鲹是如何吃掉小燕鸥的

刚开始学会飞的小燕鸥很兴奋，往往一鼓作气飞得很远，珍鲹游得很慢，以避免产生大水波，引起小燕鸥的警觉。等到小燕鸥感到疲累时，已经无法再一口气飞回浅滩礁，它们会选择就近降落在海面上休息。看到水面上的那团黑影后，珍鲹会飞快地冲出水面，将来不及起飞的小燕鸥吞进嘴里。

为了防止成为珍鲹的美食，其他小燕鸥经过一段时间练习，飞行能力提高了很多。为避免和同伴一样被捕食的命运，它们改变了策略，不再长时间停留在海面上，降落时并不收拢翅膀，在腹部刚一接触水面时，便又奋力拍打翅膀飞起来。

发现小燕鸥的这些举动后，珍鲹知道若再像之前那样捕食，很难再有收获。它也改变了策略，一旦发现有黑影靠近水面，便飞快地摆动尾鳍，在小燕鸥可能接触水面处，早早地张开大口。如此一来，本想碰触水面一下的小燕鸥，就直接落到了珍鲹嘴里。

这惊心动魄的一幕，吓坏了其他小燕鸥。它们再次改变了策略，选择从高空俯冲而下，在即将接触水面时，再奋力拍打翅膀重新飞高，改变飞行轨迹落到旁边的海面上。张开大口等着的珍鲹什么也没有等到。随即，珍鲹也跟着改变了策略，不再在水面下游动，而是高速游动在水面上。看到小燕鸥从高空俯冲而下，在与水面非常接近之时，珍鲹尾鳍用力一摆，“哗”地一下跳出海面一米多高，在空中张开大口。来不及改变飞行轨迹的小燕鸥，最终难逃厄运，被珍鲹吞入了大口。

可见，珍鲹捕食到小燕鸥，并非小概率事件，而是它们根据对象举措及时改变策略，将很多人认为不可能的事情变成了可能——水中的鱼，只要方法得当，照样能吃到飞在空中的鸟。

石斑鱼

魏驮山前一朵花，岭西更有几千家。
石斑鱼鲊香冲鼻，浅水沙田饭绕牙。

——《及第后还家过岘岭》

（唐）李频

一、物种本源

拉丁文名称，种属名

石斑鱼（*Epinephelus*），为硬骨鱼纲、鲈形目、鮨科、石斑鱼亚科鱼类的总称，又名石斑、鲙鱼、黑猫鱼等。

形态特征

石斑鱼品种很多，有红点石斑鱼、青石斑鱼、宝石石斑鱼、七带石斑鱼、网纹石斑鱼、黑带石斑鱼等，但所有鱼类体形特征大同小异，一般鱼体呈椭圆形。例如，红点石斑鱼成鱼体长通常在20~30厘米，体中长、侧扁、色彩艳丽、变异甚多，体色可随环境变化而改变，常呈褐色或红色，并具有斑点；口大、牙细尖，有的扩大成犬牙；背鳍和臀鳍硬棘发达。

石斑鱼

习性，生长环境

石斑鱼为暖水性的大中型海产鱼类，广泛分布于太平洋、印度洋和大西洋，在我国主要分布于台湾海峡、东海以及南海海域，其肉质佳美，为名贵经济鱼类。

二、营养及成分

每100克可食石斑鱼鱼肉的主要营养成分见下表所列。此外，其鱼肉还含有维生素A、B_1、B_2、B_3、E，胆固醇，多种氨基酸及矿物质元素钙、镁、钾、铁、钠、锌、硒、铜等物质。

水分	76.6克
蛋白质	18.6克
脂肪	1.1克

三、食材功能

性味 味咸，性微寒。

归经 归肺、脾、胃经。

功能

（1）《中国药用鱼类》记载：“补虚损、健脾胃。”

（2）石斑鱼肉质细腻而鲜美，是一种低脂肪、高蛋白的上等食用鱼，具有活血通络、益气之功效。水解石斑鱼蛋白质可得到石斑鱼神经肽Y，石斑鱼神经肽Y是目前发现活性最强的促摄食因子，除了可作为神经递质发挥作用，还具有提高摄食率与促进能量储存、缓解紧张与应激等功能。

（3）鱼皮胶质的营养成分，对增强上皮组织的完整生长和促进胶原细胞的合成有重要作用，可美容护肤，尤其适合妇女产后食用。

四、烹饪与加工

石斑鱼肉质嫩滑、鲜美，最宜采用清蒸做法，也常用于制馅、制鱼丸等。著名菜肴有清蒸石斑鱼、油浸石斑鱼、白汁过鱼、石上红梅、包心鱼圆、莲蓬过鱼等。

清蒸石斑鱼

（1）材料：石斑鱼1条（800克左右），蒸鱼豉油15克，鸡粉5克，葱丝、淀粉、香油、香菜、胡椒粉适量。

（2）做法：将石斑鱼宰杀，保留头尾原状去骨取肉，将肉起双片刀；鱼肉用适量的调料腌片刻；将鱼的头尾摆在器皿上；加入上述辅料，入蒸柜蒸7分钟左右，取出撒入葱丝，淋入香油，倒入蒸鱼豉油点缀即可。

清蒸石斑鱼

冻石斑鱼

冻石斑鱼从原料到成品的加工过程一直在低温环境下进行，且去鳞、去内脏以及速冻镀冰衣的工艺能更有效抑制微生物的生长，延长了保鲜期。

石斑鱼调理食品

刺玫果风味石斑鱼罐头，即将石斑鱼的鱼块用中药材蕨麻、箭刀草、刺五加煎煮的药汁调味之后蒸熟，然后用刺玫果粉和调料进行调和，风干至鱼块水分含量为35%左右，再进行分装灭菌。该产品充分利用石斑鱼、刺玫果的营养价值，营养美味。

酸菜石斑鱼滑

以冷冻石斑鱼片、酸菜、鲜蛋清、猪肥膘等为原料，经特殊加工工艺制成酸菜石斑鱼滑产品，将四川酸菜与石斑鱼片进行完美结合的同时，还可以实现配方化、工业化、标准化生产，为消费者提供了一种营养丰富的石斑鱼预制调理食品。

功能肽

以石斑鱼作为原料，利用生物酶解技术可以制备具有生物活性的石斑鱼神经肽Y。

五、食用注意

因为石斑鱼中嘌呤物质含量较多，所以痛风患者不宜食用石斑鱼。

鲁班与石斑鱼的传说

相传在很久以前，赤水河是没有鱼的，赤水河里的鱼的出现与鲁班的木匠手艺有关。

有一日，鲁班到赤水河畔为一家很贫穷的农家制作生产用的农具，农家太穷，连菜都吃不上，只能吃一点树根。鲁班看在眼里，急在心里，想实实在在帮助那些生存在死亡边缘的人。他请求天上的观世音菩萨帮助他，观世音菩萨把他刨木料的刨花点化为一种活蹦乱跳的水生动物，这种动物身上有很多木花斑纹，并且生在石头下面，刚开始人们称它为鲁班鱼，后来人们都称它为石斑鱼。因为别人认为鲁班是百业的祖师爷，是该被尊敬的，为此石斑鱼（石包鱼）之说就一直流传下来。

后来，赤水河水域里这种鱼越来越多，人们有了更多吃的东西，就不再把石斑鱼作为唯一的食物，毕竟那些鱼是受过观世音菩萨点化过的，或多或少都沾过一点仙气。

中华马鲛

老桂花开天下香，看花走遍太湖旁。
归舟本读尤堪记，多谢石家鲃肺汤。

——《鲅肺汤》（民国）于右任

一、物种本源

拉丁文名称，种属名

中华马鲛（*Scomberomorus sinensis*），为硬骨鱼纲、鲈形目、鲭科、马鲛属，俗名马鲛等。

形态特征

中华马鲛以鲜活度好，眼球饱满，退化的鳞片外有透明的黏膜，肌肉坚实有弹性者为佳。

习性，生长环境

中华马鲛近缘品种有斑点马鲛、康氏马鲛、兰点马鲛，主要分布在我国的东海、黄海、渤海等海域，是我国北方海区的重要经济鱼类。

二、营养及成分

每100克可食中华马鲛鱼肉的主要营养成分见下表所列。此外，其鱼肉含有维生素B_1、B_2、B_3、E，还含多种氨基酸和矿物质元素磷、钙、铁、硒等成分。

水分	71.5克
蛋白质	19.8克
脂肪	5.5克
碳水化合物	2.1克

三、食材功能

性味 味甘、咸，性平。

归经 归肺、胃、脾经。

功能

（1）中华马鲛有养脾、健胃、补五脏、防衰、提神之功，对病后体虚、胃不纳谷、产后虚弱、疲乏无力、营养不良、咳喘等病症有食疗辅助康复效果。

（2）中华马鲛富含蛋白质、不饱和脂肪酸（如DHA）、多种氨基酸和矿物质元素（如钙、铁、钠等），胆固醇含量低，对贫血、早衰、神经衰弱、儿童慢性胃肠功能障碍、消化不良和精神发育有良好的疗效，能提高人脑智力。

四、烹饪与加工

中华马鲛肉质鲜美柔嫩，食用方法有很多，如煎、炸、烤、煮、蒸、腌、烧等。

中华马鲛菜肴

香煎马鲛鱼

（1）材料：中华马鲛1条，蚝油2勺，盐、鸡精、葱、姜、料酒、食用油、适量。

（2）做法：中华马鲛去头，洗净后切1～1.5厘米的厚块；撒适量的盐和鸡精、蚝油、料酒腌制15分钟；平底锅加食用油七分热下锅煎，煎1分钟后转中小火再煎几分钟，然后翻面；另起一锅爆香姜片和葱，加少许水，加入煎好的中华马鲛焖5分钟即可。

马鲛鱼饺子

（1）材料：中华马鲛300克，肥膘肉150克，荸荠100克，小麦面粉50克，韭黄20克，姜、盐、味精、胡椒粉、淀粉、香油、鸡蛋适量。

（2）做法：将中华马鲛肉洗净去骨，再去掉鱼皮，把鱼肉切成粒。肥膘洗净蒸熟后切成细粒；把荸荠、韭黄分别切细粒；随后把马鲛鱼粒放入盛器中，加盐、味精、胡椒粉、姜末、少许水拌和；加入淀粉拌匀，再加入肥膘肉粒、荸荠粒、韭黄粒拌和即成马鲛鱼馅；将面粉、盐2克、水30毫升、鸡蛋75克混合在一起，揉搓成面团，再将面团分小块，再擀成面皮，备用；擀好的面皮中包入馅，捏好，包成饺子。

五、食用注意

（1）痛风及患有疥疮瘙痒等皮肤病的人慎食中华马鲛。

（2）隔夜的中华马鲛不适宜食用。

中华马鲛的传说

从前，江苏连云港的海州有个马家庄，庄上住着两户人家，一家叫马祖石，另一家叫马阳朝。

马祖石是从山东德州迁居而来的，马阳朝祖籍海南琼州，两家迁居海州已五代有余，故同姓不同宗。一年，两家同年同月同日各生一婴儿，马祖石家生的是男婴，取名马乔；马阳朝家生的是女婴，取名马娇。

马乔和马娇自幼青梅竹马，两小无猜。转眼他俩长大成人，到了男婚女嫁之时，前来两家说媒的踏断门槛也没说成，原来是因为马乔非马娇不娶，而马娇又非马乔不嫁。但因世俗偏见，同姓不能相恋成婚、生儿育女，否则有辱门风。两家父母决意棒打鸳鸯，马乔被指婚庄东邵家，马娇被指嫁庄西任家。

马乔、马娇宁死不从，就在二人当婚与嫁出的前一夜里，他们用红绿喜带自捆自缚，双双捆扎在一起，跳进波涛汹涌的大海中，变成了一对形影相随的鱼，当地渔民称它们为马鲛鱼。

旗鱼

横空阵气长云黑，戈铤照耀旌旗色；
龙跳虎跃神鬼愁，楚汉存亡一丝隔。
相持两地皆雄踞，楚力疑非汉能拒。
瑞启炎图硭砀云，悲歌霸业乌江路。
空余故垒传遗迹，离合山河几勍敌；
战尘吹尽水东流，落日沙场春草碧。

——《鸡鸣台》（元）周权

一、物种本源

种属名

旗鱼，为硬骨鱼纲、鲈形目、旗鱼科、旗鱼属动物的统称，又名星条鱼、芭蕉鱼、平鳍旗鱼等。

形态特征

旗鱼体长约3.4米，重可达90千克及以上；其肌肉发达，外形略扁，呈流线型；吻延伸为长圆形、矛状，与近缘种类如枪鱼的区别是旗鱼身体较为细长、腹鳍长，特别是背鳍宽大如帆；周身呈深蓝色、腹侧银白，背鳍亮蓝而有斑点。旗鱼的肌肉有白色、淡红色、鲜红色等不同的颜色。

旗 鱼

习性，生长环境

旗鱼是海洋中游速较快的鱼类之一，攻击力很强，广泛分布在大西洋、印度洋和太平洋，我国的东海南部和南海等水域也有一定的产出。

二、营养及成分

旗鱼营养价值极高，是高级鱼类食材，每100克可食旗鱼鱼肉的主要营养成分见下表所列。此外，其鱼肉含有维生素A、B_1、B_2、B_3、C、E，胡萝卜素，胆固醇等，还含多种氨基酸和钙、磷、铁、锌、锰、铜、镁、钾、硒、钠等元素。特别的是，旗鱼还含有丰富的DHA和EPA。

水分	78.2克
蛋白质	19.4克
脂肪	0.9克

三、食材功能

性味 味甘、微咸，性微温。

归经 归脾、胃经。

功能

(1)《药用鱼类》记载："健脾补气。"旗鱼有消食、除症的功效，对咽喉肿痛、牙肿痛及乳肿块有促进康复的效果。

(2) 旗鱼鱼刺较少，富含人体必需的优质蛋白质和较高含量、具有良好健脑功效的EPA和DHA等不饱和脂肪酸，此外，还含有丰富的钙、镁及维生素D，因此，具有祛寒除湿、补虚养气、强身健体等功效，对辅助治疗腰酸腿痛、恢复精气也有一定功效。

(3) 旗鱼鱼肉呈红色，富含铁元素，肉质鲜美，可以补充脑力、预防阿尔兹海默病，具有调节血压、保护神经纤维、活化细胞等功效。

四、烹饪与加工

旗鱼，营养价值高且肉质鲜美，适宜作上等生鱼片、煎食及作炼制品等。

干煎旗鱼

（1）材料：旗鱼腹肉1片，米酒1勺，白砂糖1勺，胡椒、盐、食用油少许。

（2）做法：先将旗鱼腹片使用腌料腌渍10分钟；腌好后，再使用餐巾纸吸干水分，先热锅再放入适量的食用油，煎至旗鱼成金黄色即可上桌。

旗鱼鱼酥

主要原料为新鲜的旗鱼，配料为白砂糖、盐、豌豆粉、食用油。

工序主要是清洗、去杂、煮制、调味、炒松和包装。鱼酥的水分含量低、保存时间长、运输便利、食用方便，克服了人们食用海产鱼时的地域限制，可以提供人体所需的优质鱼肉蛋白。

五、食用注意

孕妇、哺乳期女性、幼儿应少食旗鱼。

传说故事

多情的旗鱼

一日，小白虾来到了岱衢族大黄鱼故乡，她受邀观赏烟波浩渺的洋面景色。第二天，小白虾想借巡游嵊泗列岛海域的机会，看看人类究竟长得啥模样。她选择了一块平坦的礁石，在此静候人类的出现……

然而，不远处一座斑驳诡谲的暗礁上，旗鱼正在当班。借着幽幽晃晃的水光，他看见了平石上衬托着一团红雾的小白虾。它腰肢柔软，笑靥如花，万般柔情尽在其中，旗鱼顿时惊呆了，爱意油然而生。这时，小白虾也看见了旗鱼，脸倏地红了……当小白虾柔婉舞动着缓缓离去时，海水泛起一圈一圈的涟漪。

旗鱼对小白虾一见钟情，她美丽的身影已定格在旗鱼的心灵深处。连日来，旗鱼朝思暮想，旗鱼的相思牵动着朋友们的心。这天，玉秃鱼、梅童鱼、虾虫潺鱼见旗鱼病恹恹的，实在于心不忍。他们商量，由玉秃、梅童和虾虫潺三鱼牵头，发动其他鱼类一起去龙王那做媒。

这天上午，玉秃鱼、虾虫潺鱼、梅童鱼、马鲛鱼、鲭鲐鱼、琵琶鱼、鲳鱼等一千多种鱼类纷纷从四面八方游到指定地点集结，尔后浩浩荡荡行程八百里，来到了水晶龙宫做媒。

玉秃鱼率先上前禀告了龙王旗鱼相中小白虾的事情，接着妙语连珠，说什么旗鱼是海洋中最剽悍、最英俊的后生，他俩是海生一对……没等玉秃鱼把话说完，海龙王勃然大怒，厉声喝道："我那如花似玉的女儿岂能嫁给旗鱼这种奴才！真是不知天高海深。"并顺势抡起一巴掌，掴得玉秃鱼连转三圈，刹那间玉秃鱼的身体全扁了。虾虫潺鱼一看，竟情不自禁地仰脖哈哈猛笑。谁知，大笑间，它的脸形霎时扭曲，笑凹的下巴再也不能收拢回来，满场皆惊。胆小的梅童鱼更是吓得七魂掉了三魂，慌忙夺门而逃。可没想到这门竟是一堵晶莹剔透的坚固玉石墙。梅童鱼一头撞在墙上，顿时脑袋肿得像大头娃娃似的，痛得咕咕直叫。

鱼儿们最后都垂头丧气地返回，在旗鱼的迫切追问下，鱼儿们说出了实情。旗鱼听后犹如一把冰刀戳进心里，又痛又冷，原本以为自己为海龙王当旗，没有功劳也有苦劳，谁想被骂得一文不值，如此这般怎么能接受得了呢。旗鱼悔恨交加，喉咙倏地一热，开始吐血。不一会儿，一小滩鲜血洇红了他的下巴。

直到如今，玉秃鱼的身体依然是扁扁的，梅童鱼的头仍然大于身段，虾虫潺鱼的嘴巴还是下凹，旗鱼的口腔下部永远留下了一点殷红的血印。

鲻

州城距镇仰山灵，四面峰峦叠翠屏。
菊蕊凝香三径老，鲻鱼入市半街腥。
寺中日色偎楼赤，岛外云光射海青。
顾氏将军荒冢在，闲寻墓志读碑铭。

——《复州十咏（其十）》
（清）多隆阿

一、物种本源

拉丁文名称，种属名

鲻（*Mugil cephalus*），为硬骨鱼纲、鲻形目、鲻科、鲻属，又称乌鱼，俗名青头仔（幼鱼）、奇目仔（成鱼）、信鱼、正乌、九棍、乌头等。

形态特征

鲻体长一般为20～40厘米，体重为500～1500克，全身被圆鳞，眼大、眼睑发达；牙细小成绒毛状，生于上下颌的边缘；背鳍2个，臀鳍有8根鳍条，尾鳍深叉形；体、背、头部呈青灰色，腹部白色。鲻的外形与梭鱼相似，主要区别是鲻肥短、梭鱼细长。鲻眼圈大，内膜与中间带黑色；梭鱼眼圈小，眼晶液体呈红色。

习性，生长环境

鲻是一类温热带浅海中上层优质经济鱼类，广泛分布于大西洋、印度洋和太平洋，我国沿海地区均有产出，特别是在东南沿海海域，鲻的养殖业十分发达。

二、营养及成分

每100克可食鲻鱼肉的主要营养成分见下表所列。其鱼肉另富含胆固醇，维生素（维生素B_2、维生素B_3、维生素E等），以及铁、锰、锌、铜、钾、磷、钠、硒等矿物质元素。

水分	75.3克
蛋白质	18.9克
脂肪	4.8克

三、食材功能

性味 味甘、咸，性平。

归经 归脾、胃、肺经。

功能

（1）《开宝本草》记载："主开胃，通利五脏，久食令人肥健。"《食物本草》记载："助脾气，令人能食，益筋骨，益气力，温中下气。"

（2）鲻肉口感细腻，耐人回味，内有多种人体必需的营养元素，如蛋白质、脂肪酸、维生素B及微量元素等，对改善机体营养失衡、胃脾虚弱、消化不良及贫血等症状具有较为明显的功效。

鲻

四、烹饪与加工

鲻肉质丰厚、味道鲜美、营养丰富，无细骨、鱼肉香醇而不腻，可用于多种烹调方法，例如可做成红烧鲻、清蒸鲻、白炖鲻、剁椒蒸鲻、鲻冻和黄芪鲻汤等美味菜肴。此外，鱼卵还可制作鱼子酱。

腐乳蒸鲻

（1）材料：鲻1条，红方腐乳、姜、葱、白砂糖、食用油等适量。

（2）做法：鲻去鳞及腹膜，洗净后用盐和姜腌制30分钟，切成鱼段；取红方腐乳、料酒以及少量白砂糖，将其拌匀，浇在鱼段上；待蒸锅水开后，大火蒸鱼8～10分钟；出锅前可依据个人口味浇上热食用油、葱花等。

即食鲻皮

以鲻皮为原料，制作软包装鲻皮即食食品，不仅营养丰富且美味可口。

烤鲻片

以鲻为原料可加工生产成多种口味的烤鲻片，风味独特，营养价值高。

五、食用注意

疾病初愈者慎食鲻。

老鲻传艺

浙江温州三盘港内，有鲻、鰳鱼、鲳鱼、鳗鱼、蟹虾，它们共推一尾“百岁鲻”为王。聪明的讨海人在港内放下雷网，捕鱼捉虾。“百岁鲻”眼看自己的兵将越来越少，很是发愁，一直在想着对策。

有一年的廿九夜，“百岁鲻”在王府设了除夕酒，请来所有的部下。王府里，碰杯呀，猜拳呀，真热闹。

酒宴要散时，老鲻对大家说，这几年团孙不旺、兵将减少，为此他决定把自己多年练成的武艺传给大家。

大王话一落，虾兵蟹将个个欢喜叫好。

传艺开始，老鲻的嫡亲鲻群走上前，行一个礼站在一边。老鲻说：“我们祖孙生来能跳善钻，你们若是看着雷网顶头，就向网底下面钻；看着雷网触地，就从网顶上面跳！”

从这以后，鲻用跳加钻的本事，雷网对它们就没有用了。

虾仔因为厝内有事，要先回去，第二批游上前来，给大王打了一个揖。老鲻满意地点点头：“孙儿们，雷网眼儿很大，只要你们身子不再长大，就可以在雷网中出出入入了！”虾仔欢欢喜喜地回厝了。

从这以后，虾仔的身子就不再大，雷网也围捕不到。

鳗鱼游到老鲻面前拱了一拱，老鲻笑着说：“你们本来就是土生土长的，海涂就是你们的福洞。若是看到雷网，你们就向洞里钻，决不会出危险。”鳗鱼听了，谢过老鲻，欢欢喜喜地游走了。

从此，雷网也捕不到鳗鱼。

蟹举着一双大钳，横冲直撞爬过来，它不敬礼也不弯腰，一点礼貌都不讲。

老鲻看了，说：“蟹孙，你的脾气还没有改。骄兵必败，你以后会吃亏的呀。大钳是你们好兵器，碰到雷网，千万不要钳它呀！……”蟹觉得这些话听过好几遍了，没有什么新名堂，最后一句话没听进，威风凛凛地离开了。

后来，蟹碰到雷网，又要显示自己的本事，张开双钳，紧紧咬住网不放，结果一只一只送了命。

最后，轮到鳓鱼和鲳鱼了。

平时它们最贪吃，鲳鱼吃得胖墩墩的，身比头大；鳓鱼吃得油光满面，全身发光。今日吃酒，喝得醉醺醺的。它们一摇一摆来到老鲻面前，正要行礼，双腿一软，跪倒了。老鲻只当他们有礼，笑眯眯说：“好鲳子，你的身子真胖呀！若是遇上雷网，向后退，就不会被抓走。小鳓鱼身带宝刀，若是遇到雷网，杀它个寸网不留！”老鲻越讲越欢喜，声音越讲越高：“不要怕，大胆向前冲！”这时，鲳鱼被老鲻的话惊醒了。别的话没记，单只记着一句：“不要怕，大胆向前冲！”可怜的鳓鱼醉得太厉害，一句也没有听进去。

老鲻传艺完毕，被一群鱼兵虾将拥走了。

从这以后，鲳鱼碰到雷网，就大胆向前冲，结果，头大肚大，全身被网勒得紧紧的。鳓鱼呢，一遇到雷网，赶紧后退，头上的鳞、鳍、刺全被网眼倒卡住。结果，一条条都被捕捞了。

多宝鱼

花木相思树，禽鸟折枝图。
水底双双比目鱼，岸上鸳鸯户，
一步步金厢翠铺。
世间好处，休没寻思，典卖了西湖。

——《醉中天·花木相思树》
（元）刘时中

一、物种本源

拉丁文名称，种属名

多宝鱼（*Scophthalmus maximus*），为硬骨鱼纲、鲽形目、鲆科、菱鲆属，又名牙欧洲比目鱼等。

形态特征

多宝鱼身体呈卵圆形或长舌形，成鱼身体左右不对称，因为它们的身体呈扁平状，所以眼睛在身体一侧偏上部，与周围环境十分协调。多宝鱼的周身有很细的鳞片，只有一个背鳍，几乎从头部延伸到尾鳍，鳍一般无鳍棘。

习性，生长环境

多宝鱼在我国沿海均有产出，以黄海、渤海产出较多，特别是河北秦皇岛和北戴河的质量最佳。

多宝鱼是底栖食肉性、冷温型的深海鱼类，适合在海底生存，且均为海底鱼类，其分布与环境如水流、水温等密切相关。如赤道横穿的大洋西侧暖流宽，则种类多；黄海、渤海沿岸寒流强，特别是黄海有冷水团，则冷温性种类多；西太平洋和中国南海受冰期影响较小，则种类繁多。此外，我国的华鲆、江鲽、窄体舌鳎、褐斑三线舌鳎等少数多宝鱼种类可进入河流淡水区。

多宝鱼

二、营养及成分

每100克可食多宝鱼鱼肉的主要营养成分见下表所列。此外，多宝鱼含有维生素A、B_1、B_2、B_3、E，尤其是维生素B_6含量颇丰；还含有胡萝卜素，胆固醇，多种氨基酸，钙、磷、镁、铁、锰、锌、钾、钠、硒等元素。

水分	69.9克
蛋白质	21.1克
脂肪	2.3克
碳水化合物	0.5克

三、食材功能

性味 味甘，性平。

归经 归脾、胃经。

功能

（1）《杏林春满集》记载多宝鱼“消食、健脾、养胃、益气、补虚、和中、止痢”，对脾虚久痢、五谷不纳、胃胀气等症有食疗辅助康复效果。

（2）多宝鱼属于海鱼，其中DHA含量丰富，可以为大脑补充所需营养，有利于提高思考能力和记忆力；富含卵磷脂、不饱和脂肪酸，这些物质的摄取可以增强皮肤表面细胞的活力，利于滋润皮肤，使之细嫩、有弹性。食用多宝鱼中卵磷脂能够降低人体细胞的死亡率，改善神经系统的功能，延缓大脑衰老，预防阿尔兹海默病；同时，多宝鱼中不饱和脂肪酸可降低体内血脂含量。

（3）多宝鱼是一种高蛋白鱼类，其氨基酸组成与人体所需氨基酸接近，有利于促进人体新陈代谢，增强机体的抗病能力；多宝鱼中含有丰富的胶原蛋白，是女性滋养肌肤的理想食品，同时对脱屑、皮肤粗糙、头发干脆易脱落等症均有疗效。

（4）多宝鱼含有多种维生素和常量、微量元素，这些物质有利于增强人体免疫功能，提高机体抗病能力。其中维生素A、维生素E可进一步促进血管壁的弹性；钙、锌等丰富的矿物质元素可提高渗透压，降低体内血压，起到保护心脏和脑血管的作用；此外，磷、钙、铁等元素及维生素B_1、维生素B_3、维生素B_5等，可作用于急性胃肠炎、高胆固醇血症、痢疾泄泻、体虚多病等症。

四、烹饪与加工

红烧多宝鱼

（1）材料：多宝鱼1条，葱、姜、蒜、红辣椒、食用油、料酒、盐、米醋、酱油、白砂糖、豆豉、面粉适量。

红烧多宝鱼

（2）做法：去掉多宝鱼鱼鳃、鱼肠、鱼肚以及鱼腥线，在鱼身两侧分别斜划3~4刀，以盐和料酒腌制；开火，锅热放油，准备些许面粉，涂抹在鱼身上（可以保护制作过程中的鱼皮不易破损）；油热后把鱼放进锅里，借助锅铲从锅的边缘往鱼的身上淋油，煎制数分钟，将鱼翻转，煎至鱼身两面微黄，往鱼身上加入米醋，焖锅数分钟，加入料酒、酱油、盐、白砂糖、葱段、姜片、蒜瓣、豆豉等材料，以开水漫过鱼身，炖至汤汁黏稠后关火，拣去葱、姜、蒜，装盘。

清蒸多宝鱼

（1）材料：多宝鱼1条，葱、青辣椒、红辣椒、姜、盐、醋、酱油、料酒、食用油适量。

（2）做法：将多宝鱼洗干净，用盐浸渍5~10分钟待用；锅内放少许食用油，烧热后，用葱花炝锅，然后加入适量凉水（漫过鱼身即可），将鱼肉放入锅内，加入料酒、葱、姜、蒜、醋等辅料，大火烧开；水开后，慢炖30分钟左右，最后撒上青辣椒、红辣椒丝、葱丝。

清蒸多宝鱼

即食多宝鱼食品

（1）除去新鲜多宝鱼的内脏、鱼刺，清洗后打成鱼浆；

（2）向步骤（1）得到的鱼浆中加入1～1.5倍质量的水，接种每毫升1.5×10^6～2.5×10^6个菌落数的乳酸菌，40～45℃下发酵2～4小时，随后加热灭活乳酸菌；

（3）向步骤（2）得到的发酵鱼浆（100克）中加入10～20克蛋液，20～40克玉米淀粉，1～1.5克食盐，注入模具中，加热凝固鱼浆，得到最终产品。

五、食用注意

体胖且有痰火者不可多食多宝鱼；烹制多宝鱼时不宜加入过多食用油。

多宝鱼与永不满足的人

从前，有一个渔夫和他的老婆住在一个窝棚里。有一天渔夫打到了一条多宝鱼，多宝鱼对他说："我并不是一条真的多宝鱼，我是一个中了魔法的王子，请你放了我吧，我会让你实现愿望。"渔夫就放了多宝鱼，并回到家里告诉了老婆。

老婆骂他说："你怎么不让他给我们一座大石头房子呢？我可不想一辈子都住在这间又小又脏的窝棚里！"渔夫就到海边找到多宝鱼，多宝鱼对他说："你回去吧，你老婆已经住在大房子里了。"渔夫回家一看，真的有了一座大石头房子。

过了几天他老婆又突然对他说："你去跟多宝鱼讲，说我想当女王。"老婆想当女王的念头让渔夫左右为难，他一点也不想去。但老婆没完没了地闹，渔夫只好去找多宝鱼。多宝鱼说："你回去吧，她已经是女王了。"渔夫回家看到了一座豪华的宫殿，他的老婆真的成了女王，有很多仆人围在四周。

可是过一段时间，他老婆又不高兴了，跟渔夫说："去，跟多宝鱼讲我不想当女王，我要当教皇。"渔夫说："教皇只有一个啊，你就当你的女王呗。"可是老婆大声呵斥他，渔夫吓得够呛，只得去了。多宝鱼想了想说："好的，她已经是教皇了。"渔夫回去一看，他老婆真的成了教皇，国王和王后正在亲吻她的鞋子。

可她还是不满足，贪欲刺激着她的神经，过一段时间她对渔夫说："去，跟多宝鱼说我要当上帝。"渔夫惊恐地看着他的妻子，浑身上下都在哆嗦。她狠狠地踢了渔夫一脚，渔夫只得匆忙去找多宝鱼，多宝鱼说："回去吧。"于是渔夫回到了家，教堂、宫殿、城堡、金银财宝、仆人……一切都不见了。他的妻子又穿着破破烂烂的衣裳，坐在了那间破破烂烂的小窝棚里。

舌鳎

水下幽游似展旗，夸名舌鳎海中嬉。
莹然弱质离家远，病口偏身比目奇。
尽舍华年成味美，难堪别梦入羹宜。
香魂袅袅和云散，从此相思两不离。

——《舌鳎鱼》（现代）张进财

一、物种本源

拉丁文名称，种属名

舌鳎（*Cynoglossus robustus*），为硬骨鱼纲、鲽形目、舌鳎科、舌鳎属，又名板鱼、踏板鱼、目鱼、塔西鱼等。

形态特征

舌鳎身体扁平、光滑，呈舌状，一般体长25~40厘米、体重500~1500克；头部很短，眼睛很小，双眼都在头部左侧，眼侧后鼻孔位于眼睛之间，鼻部呈拱形向下向后弯曲，左右对称，嘴处于较低位置；鳞片大，有眼的一侧有果胶鳞片，呈现浅棕色，有2条侧线，而无眼的一侧为圆形鳞片，白色，无侧线；背鳍和臀鳍与尾鳍完全相连，没有胸鳍，尾鳍尖。

舌　鳎

习性，生长环境

舌鳎主要分布于北太平洋西部，我国各近海渔场也均可捕捞，其中海岛渔场和石岛渔场是主要产地，夏季为5—7月，秋冬季为10—12月，以腹不鼓胀、鳞贴鱼体、面全者为佳，但鱼群密度不高，在捕捞作业中大多与其他鱼种同时捕捞。

二、营养及成分

据测定，每100克可食舌鳎鱼肉的主要营养成分见下表所列。其鱼肉另含有维生素A、C、B_1、B_2、B_3、E，还含有钙、磷、铁、硒等矿物质元素。

水分	72.6克
蛋白质	20.8克
脂肪	3.2克
灰分	1.9克

三、食材功能

性味 味甘、微咸，性平。

归经 归脾、肺、胃经。

功能

《药用动物》记载："补虚益气，和胃健脾。"即舌鳎，有补肺气、和脾胃之功，对咳嗽、哮喘、胃痛胃胀、呃逆等症有食疗辅助康复之效。

四、烹饪与加工

宽体舌鳎为海洋名贵经济鱼类之一，且肉质细腻味美，食之鲜肥而不腻，尤以夏汛所捕的舌鳎最为肥美。除鲜食外还可加工成咸干品，红烧舌鳎是有名的菜肴之一。

红烧舌鳎

（1）材料：舌鳎2条，蒜、葱、青辣椒、红辣椒、白葡萄酒、生抽、老抽、白砂糖、盐、食用油适量。

（2）做法：舌鳎去鳞、去内脏，洗净，用少许盐腌制20分钟；用厨房纸拭干鱼身表面的水分；六成热的油锅放入蒜瓣，小火煎至鱼身双面金黄；倒入白葡萄酒、生抽和老抽，加白砂糖，焖烧至鱼骨、鱼肉脱离；大火收汁，撒葱丝、青辣椒丝、红辣椒丝后起锅。

红烧舌鳎

五、食用注意

不宜多食舌鳎，多食易动气。

箬鳎鱼的传说

观海卫城西有条王家街，街上有王尚文总兵的老宅，宅前有一对高大威武的石狮子，当地人称之为“狮子门头王家”。王尚文少年时就习武健身，武艺高强，后又熟读兵书，骁勇善战，从而成为明朝的一代名将。

再说王总兵立下很多战功，深得老百姓喜爱，而王总兵自幼生长在海边，喜欢吃小海鲜，因此，驻地附近的渔民常常送上些新鲜海产，以表感激之情。后来王总兵觉得，与其总让渔民送海鲜，不如自己做一个网兜，叫熟悉的渔翁带到滩涂地，让他帮着收些海鲜就是了。后来他真找了一个这样的渔翁，渔翁每次退潮时都帮忙把王总兵的海鲜捎到总兵府去，王总兵也时不时以物相赠，表示谢意。

但是，过了一阵子，当那渔翁深一脚浅一脚“跋滩涂”，走到网兜面前的时候，眼前的事情奇怪极了：王总兵的网兜满满的，那些个鱼呀虾呀，还在不停地往网兜里面挤啊、爬啊；再看看自己的网兜，却只有一些枯枝烂叶。

一次两次倒也罢了，时间长了，那渔翁是满肚子委屈了：这样下去，不是要让我喝西北风吗？我还有一家老小要养呢！一气之下脑子发热，他竟把王总兵的网兜踩得扁扁的，心里想：现在这样子，鱼总会钻到我的网兜里了吧。

终于等到退潮了，当他一脚一滑地跋过滩涂，来到网兜前时，他的眼睛顿时瞪得滚圆。只见王总兵的网兜虽然扁扁的，但里面照样挤满了鱼。他仔细一看：咦，那鱼扁扁平平的，形体很奇特，以前从来没有看见过。再看看自己的，真是奇了怪了，好像是东海龙王跟自己开玩笑，仍旧是空空的。

渔翁心里纳闷，心想：王总兵是有功之臣，难道是东海龙王特别奖赏他的？他把网兜解下来，带着一肚子心思，依旧一脚一滑地爬上岸来，又急匆匆地把网兜献给王总兵，并把前因后果告诉他，向王总兵赔罪。

王总兵听了呵呵一笑，也不怪罪渔翁，只是命渔翁把鱼呈上来。大家看看那鱼，鱼眼的位置都在身体的同一面，身体有长卵圆形的，也有舌头状的，而且都是扁塌塌的。大家看了摇摇头，都说没看见过这种鱼。王总兵说，是东海龙王送的，总是可以吃的，于是命厨子细细烹调。

没过多久，厨子端上几大盆烧好的鱼，王总兵请渔翁及众人一起尝尝。刚端上来的鱼的那股鲜香，早已让大家十分向往，此时，便纷纷举筷品尝。别看这鱼样子怪怪的，可吃起来肉质细滑鲜美，大家都啧啧称赞。

王总兵看大家吃得这么开心，捋了一下胡子说：“既然这鱼还没名字，我就给它起个名字吧。我看这鱼形若箬叶，扁塌塌的，就叫作‘箬鳎鱼’吧。”大家齐声说好。

从此，桌上就又多了一种来自海洋的美味。

剥皮鱼

沤麻池竹斩样桐，独有官茶例未除。
消渴仙人应爱护，汉家旧日祀干鱼。

——《闽茶曲十首》（清）周亮工

一、物种本源

拉丁文名称，种属名

剥皮鱼（*Thamnaconus modestus*），为硬骨鱼纲、鲀形目、单角鲀科、马面鲀属。剥皮鱼学名绿鳍马面鲀，又名面包鱼、橡皮鱼（因其在烹饪前需先将外边的一层像橡皮的东西剥干净得名）；在北方称猪油鱼、烧烧角。

形态特征

剥皮鱼体长为28厘米左右；其背鳍长37～39毫米，臀鳍34～36毫米，胸鳍15～16毫米，尾鳍12毫米；头长为吻长的1.2～1.4倍，为眼径的3.7～5.7倍；体长为体高的2.1～2.6倍，为头长的3.2～3.5倍。体呈长椭圆形，体侧较扁；头侧视呈三角形；吻尖突，口小、前位，颌齿呈门齿状；鳞细小，表面有许多杆状细棘，排成2～3行。背鳍2个，第一背鳍始于眼后缘上方；尾鳍为圆形，呈蓝灰色；第二背鳍、臀鳍及尾鳍呈绿色，周身具有不规则暗色斑纹。

剥皮鱼

习性，生长环境

剥皮鱼是一种温水性、近底层鱼类，主要分布于我国东海、南海、黄海、渤海等地以及朝鲜和日本，也见于南非。剥皮鱼不仅产量高，且鱼汛较为集中，主要汛期在2月上旬至5月下旬。目前剥皮鱼以我国东海的产量为最多，最高年产量为25万吨左右，成为我国仅次于带鱼的第2位海洋经济鱼类品种，是一种物美价廉的食用鱼类。

二、营养及成分

每100克可食剥皮鱼鱼肉的主要营养成分见下表所列。其鱼肉还含有维生素A、D、E、B_3，多种氨基酸及钙、铁、磷、硒等元素。

水分	69.9克
蛋白质	19.6克
碳水化合物	0.9克
脂肪	0.8克

三、食材功能

性味 味甘，性平。

归经 归胃经。

功能

（1）剥皮鱼，和中健胃、消食，镇痛消炎，对胃出血、胃痛、胃胀等慢性胃病有辅助食疗之效。

（2）剥皮鱼的鱼肉含有较丰富的蛋白质和微量元素，富含多种氨基酸，具有止血、养血、解毒、消炎等功效，其食疗作用包括治胃病、乳腺炎、消化道出血等。

四、烹饪与加工

剥皮鱼肉切片煮汤，加些许香菜和姜丝调味，美味可口；鱼肉也可以制成美味的鱼松，因其肌肉纤维较长，具有一定的嚼劲，所以剥皮鱼鱼松成品的口感比传统的鱼松更优越；将鱼肉制成鱼片干烤，配以玉兰、冬菇、油菜、香菜，成品具有枣红色，味清、鲜、香等特点；醋熘剥皮鱼，配料为莴笋、木耳、油菜，所得成品呈金红色，味香、焦、酸、略甜，别有风味；剥皮鱼经盐水焖煮，煮的过程中配以胡椒粒，这样能最大限度地保留剥皮鱼的鲜味，鱼肉也更显鲜嫩滑爽，焖煮的汤汁同时也是下饭的好食料。

剥皮鱼菜肴

鱼肝油

剥皮鱼肝较大，占全鱼质量的3.9%~7.4%，含油量为50%~60%，可制鱼肝油。食用其鱼肝油脂有益于高血脂患者缓解病情；其油灰还可代替桐油灰。

鱼肝油制法分为3种。第一种是淡碱消化法，将氢氧化钠溶液和切碎的鱼肝一起蒸煮，通过离心将肝油分离出来，再进行精制即得鱼肝油。第二种是有机溶剂萃取法，把切碎的鱼肝通过有机溶剂进行萃取，再回收溶剂即可。最后一种方法就是将淡碱消化法和有机溶剂萃取法联合使用，先将切碎的鱼肝经淡碱消化，再对鱼肝油进行萃取。

鱼排罐头

剥皮鱼的鱼骨可以用来做鱼排罐头，按照将鱼排洗净、切块、腌制、油炸、浸入调味液、称重装罐、加调味液、排气密封、检验、杀菌、冷却、检验和装箱等工序制作完成，充分利用鱼排的高蛋白、高钙含量的价值，提高鱼片加工过程中产生的鱼排、鱼皮等副产物的利用价值，不仅为人们提供了全新的美味罐头食品，而且提高了企业的经济效益。剥皮鱼的头皮、内脏可做鱼粉，鱼粉是以一种或多种鱼类为原料，经去油、脱水、粉碎加工后制得的高蛋白质饲料原料。

食用鱼蛋白

鱼皮能制成可溶性食用鱼蛋白。先把鱼皮制成鱼皮浆，再利用蛋白酶酶解鱼皮浆，经灭酶、脱脂、脱臭和喷雾干燥等工序制成可溶性食用鱼蛋白。这是一种富含蛋白质的营养食品，不仅含多种氨基酸，而且易被人体消化吸收。

五、食用注意

皮肤瘙痒及痛风病患者应少食或慎食剥皮鱼，患支气管哮喘症者忌食，疾病初愈者慎食。

传说故事

又丑又怪又营养的鱼——剥皮鱼

据说剥皮鱼的祖先长得俊美白嫩，一天鱼妈妈带领一大群鱼宝宝在尽情玩耍，一只船游过来，一张像乌云一样的大网撒了下来，鱼妈妈大喊着让小鱼游开；可顽皮的小鱼哪肯听话，只顾游玩打闹，许多鱼宝宝被网住了。逃脱后鱼妈妈回去命令剩下的孩子每人吃一根灰色的海草，吃下苦涩的海草后孩子们睡了一觉，第二天全变了模样，个个丑陋不堪，背后还长出了一根长长、硬硬的刺。又过了一天，在妈妈的带领下，鱼宝宝们继续玩耍，小船来了，船夫看了看丑陋的怪东西，没有心情去捕捞，去其他地方寻找以前的鱼。天将黑了都没找到，没有办法，只好撒下一网。收网拾鱼时一个个带刺的鱼背扎破了渔夫的双手，活蹦乱跳的鱼划破了渔网……老渔夫几乎没有收获，只好悻悻而归。

鮟鱇

大圣闹龙宫，踩扁虎头虫。
更名鮟鱇鱼，从此不称雄。

——《鮟鱇鱼》民谣

一、物种本源

拉丁文名称，种属名

鮟鱇（*Lophiiformes*），为硬骨鱼纲、鮟鱇目、鮟鱇科、鮟鱇属的通称，俗称蛤蟆鱼、琵琶鱼、老头鱼、结巴鱼。

形态特征

鮟鱇体长约80厘米，整体呈平扁状；头部大、宽、平且柔软，呈盘状；尾部较小；下颌骨突出，同腭骨均含有不同大小的犬齿或尖牙；鳃洞较大，周身赤裸无鳞。背鳍的前三根刺在吻部，末端有皮刺触须，第二背鳍和臀鳍位于尾部；胸鳍发达，有一个长长的肌肉柄；腹鳍喉位。

习性，生长环境

鮟鱇为食肉鱼，经常在海底爬行，行动缓慢，摆动第一背鳍棘的吻触手，引诱小鱼和其他海洋生物游近时以捕食之；以鲜活体软者为佳。

世界上鮟鱇科鱼类共有4属25种，广泛分布于四大洋，以东大西洋，特别是法国、西班牙、葡萄牙等国家为主。中国仅产3属3种，常见于沿海地区，其中黄鮟鱇常见于黄海、渤海；黑鮟鱇常见于南海、东海；还有一种叫孙鮟鱇。

二、营养及成分

由于鮟鱇为软骨鱼类，故脂肪含量较少，每100克可食鮟鱇的鱼肉主要营养成分见下表所列。此外其鱼肉还含有维生素A、C、E、B_1、B_2、B_3，氨基酸，以及钙、锌、铁、磷、镁、铜、锰、硒等多种元素。

水分	76.3克
蛋白质	15.8克
灰分	1.2克
脂肪	0.8克

三、食材功能

性味 味甘，性微温。

归经 归脾、胃经。

功能

（1）《本草纲目拾遗》记载："和中健脾，消食健胃。"即鲛鱇，健脾胃，补五脏，对胃吐酸、食少欲吐、腹胀、腹痛有食疗辅助效果。

（2）鲛鱇，助消化能力极强，对胃炎、胃酸过多有很好的食疗效果。鱼胆汁可用来提取牛黄素，胰脏可以提取胰岛素。鱼骨对牙肿、疮疖有食疗功能。

四、烹饪与加工

炖鲛鱇

（1）材料：鲛鱇1条，豆腐、葱、蒜、姜、干辣椒、八角、盐、食用油、酱油、料酒适量。

（2）做法：去除鲛鱇内脏、鳃等部位，洗净、切成大块，沸水除去表面黏液和腥味，待变色后捞出，沥干水分；豆腐切块，加盐在热水中热烫，去掉豆腥味，沥干待用；油锅加热，以葱、姜、蒜、干辣椒、八角爆锅，然后加入酱油及焯好的鱼块略微翻炒，倒入料酒和酱油；加入豆腐、适量热水，转小火慢炖；汤汁收一半后，加盐调味，继续小火慢炖；收汁后撒葱花即可出锅。

红烧鮟鱇

（1）材料：鮟鱇1条，食用油、干红椒、葱、姜、酱油、料酒、盐适量。

（2）做法：锅中加入适量食用油，油热后加入干红椒、葱、姜翻炒，淋洒适量的酱油，小火翻炒；加水，煮沸后加入洗净的鱼，放料酒和少量盐，转中火慢炖半小时后即可。

红烧鮟鱇

鮟鱇骨胶原肽与活性钙保健口服液

（1）鮟鱇鱼骨经清洗、粉碎过筛后，加入碱性溶液浸泡；反复清洗，沥干后加入丙醇溶液浸泡，干燥后粉碎得脱脂鱼骨粉；

（2）向步骤（1）获得的脱脂鱼骨粉中加入硼酸缓冲液直至淹没脱脂鱼骨粉，在温度为40～50℃的条件下，加入枯草蛋白酶进行酶解10～15分钟，脱脂鱼骨粉与枯草蛋白酶的质量比为100：1～100：1.5；

（3）调节步骤（2）所得的酶解液温度为45～55℃，pH为9.0～10.0，加入碱性蛋白酶，酶解10～15分钟，脱脂鱼骨粉与碱性蛋白酶的质量比为100：1.2～100：1.6；

（4）将步骤（3）所得的酶解液进行超声和微波联合辅助酶解；

（5）将步骤（4）所得的酶解液加热灭活并离心，移取上清液在低温真空条件下浓缩，得到鮟鱇鱼骨胶原肽浓缩液；

（6）将步骤（5）中酶解液离心后的残渣（即剩余的残渣鱼骨粉）烘干后加入乳酸活化，随后加入氢氧化钙溶液中和多余的乳酸至pH为7.0；

（7）将步骤（6）所得溶液过滤后的上清液进行水浴加热，浓缩后得到活性乳酸钙浓缩液；

（8）将步骤（5）获得的鮟鱇鱼骨胶原肽浓缩液与步骤（7）所得的活性乳酸钙浓缩液进行调配，均质后用棕色瓶灌装、封盖；

（9）杀菌消毒、检验合格后即得鮟鱇鱼骨胶原肽与活性钙保健口服液。

纳米级鮟鱇鱼骨粉

（1）去除鮟鱇鱼骨上的肉屑，切成1～2厘米长碎段，清洗表面污渍得到鮟鱇鱼骨；

（2）将鮟鱇鱼骨置于内肽酶水溶液中浸泡酶解；

（3）将酶解后的鮟鱇鱼骨在高压环境中蒸煮软化；

（4）将经步骤（3）处理后的鮟鱇骨干燥后粉碎，然后过筛得到粗鱼骨粉；

（5）将粗鱼骨粉置于氯化锌溶液中浸泡过夜，取出后干燥；

（6）将干燥后的鱼骨粉进行膨化挤压；

（7）将膨化后的鱼骨粉经真空等离子机进行射频处理，得到纳米级的鮟鱇鱼骨粉。

五、食用注意

痛风及皮肤病、皮肤瘙痒患者慎食鮟鱇。

传说故事

“会钓鱼”的鮟鱇

相传，孙悟空去东海龙宫向东海龙王敖广借宝，龙王哪会把毛猴放在眼里，板着脸不借。于是孙大圣大闹龙宫，和乌鱼精大战三百余合，难分难解。此时，负责打扫龙宫的虎头虫用扫帚柄往大圣腿当中一插，大圣一个踉跄，差点跌倒。大圣见插扫帚柄的竟然是只虎头虫，上前一脚，将原来人模狗样、圆圆滚滚的虎头虫踩成蝙蝠形，连肚肠也被踩出好长一段。但幸运的是，虎头虫即使这样还没被孙大圣踩死，只是从此以后，它的肚肠再也收不回腹内了。日后，它用肚肠作为钓鱼的鱼竿和鱼饵，使不少不知情的鱼类上当，这就是我们今天吃到的“会钓鱼”的鮟鱇。

鳕鱼

先生画鱼天下无，得心应手神满图。
虚堂素壁鳕鱼跃，远趣一笔移海涂。

——《观友人画鳕鱼图》
（清）陈正亚

一、物种本源

拉丁文名称，种属名

鳕鱼（*Gadus*），为硬骨鱼纲、鳕形目鱼类的统称。

形态特征

鳕鱼体长、稍扁平，头较大，尾小，呈灰褐色，具有规则暗褐色斑点和斑纹；嘴巴大，吻长，下颚短，上下颚有细牙，下颚前部下面有一个触须；背鳍有3条，彼此分离，臀鳍2条，腹鳍呈喉位，鳞片小，侧线不明显。

习性，生长环境

鳕鱼是一种生活在海洋底层的冷水鱼，主要分布于我国黄海、渤海和东海北部，是黄海北部重要的经济鱼类之一，它们夏季生活在黄海冷水区，冬季游到深水区，繁殖季节迁徙到海岸，以中小型鱼类和多种甲壳类、沙蚕、箭虫等无脊椎动物为食。

二、营养及成分

每100克可食鳕鱼鱼肉的主要营养成分见下表所列。另其鱼肉含有维生素A、B_2、B_3、D，胡萝卜素，胆固醇，还含多种氨基酸和矿物质元素硒、钙、锌、镁、铜、钾、磷、钠等。

水分	70.9克
蛋白质	20.4克
脂肪	5克

三、食材功能

性味 味咸，性微寒。

归经 归脾、胃经。

功能

（1）《中国常见药用动物》记载："滋补强身，和中健脾。"鳕鱼具有开胃健脾、行水的功效，对胃气不舒、水肿等有食疗辅助康复之效。

（2）鳕鱼的肉、骨、鱼鳔、肝均可入药，对瘀伤、脚气病、咯血、烧伤、便秘、褥疮、外伤、阴道炎、宫颈炎等有一定的疗效。

（3）鳕鱼富含蛋白质和脂肪，其中鱼肝油含量高（20%~40%）。除了普通鱼油中的DHA和EPA外，还富含人体必需的维生素A、B、D、E等多种维生素，是提取鱼肝油的优质原料，鳕鱼鱼肝油中营养素的比例正是人体每日所需营养素的最佳比例，且具有易被人体吸收等优点。鳕鱼是世界上许多国家的主要食用鱼之一，适合所有年龄段的人群。

（4）鳕鱼脂肪中含有球蛋白、白蛋白和磷核蛋白，还含有儿童发育所必需的各种氨基酸以及钙、磷、铁等。

（5）鳕鱼肉富含镁，有利于预防高血压、心肌梗死等心血管疾病，对心血管系统有很好的保护作用。因此，鳕鱼在欧洲被称为"海上黄金"和"餐桌上的营养学家"。

鳕鱼肉

四、烹饪与加工

水解蛋白

鱼类加工下脚料中粗蛋白含量较高，国内不少研究者探索利用下脚料生产鱼水解蛋白，并利用获得的可溶性蛋白制备美拉德反应产物，其水解蛋白美拉德反应产物具有显著的清除自由基能力和铁还原能力，是一种具有较强抗氧化性的营养风味型食品添加剂。

鱼油

鱼类在加工过程中，产生了大量的加工废弃物。经测定，其中内脏脂肪含量较高，约占总质量的20%，现代实验研究证明鱼油中富含不饱和脂肪酸，尤其是EPA和DHA含量丰富，具有抗过敏、降低胆固醇、抗炎症、预防心血管疾病、预防动脉硬化、预防阿尔兹海默病、改善大脑学习机能和预防视力下降等功能。

鱼骨加工产品

鱼骨中含有相当丰富的钙、磷，且比例合理，其中优质的活性钙以及多种人体必需的微量元素能促进人体生长发育。鱼骨粉则是以加工剩余的鱼骨为原料，经高温、皂化脱脂、脱腥、脱胶、干燥、粉碎等过程而制成的一种天然补钙产品，通过生物利用和临床试用的研究表明，鱼骨粉具有较好的钙吸收率和存留率，是一种利用率较高的优质天然钙剂，可研制加工成鱼糕、鱼丸、鱼卷、鱼香肠、鱼罐头等多种方便食品。

五、食用注意

痛风患者、皮肤病患者、幼儿以及处于哺乳期期、生育期的女性应慎食鳕鱼。

传说故事

鳕鱼拜佛

江苏大丰南北穿道中有个斗龙港，港的下游入海处有个斗龙闸，斗龙闸不远处有个斗龙庙。据传，斗龙港中没有鱼虾可捞，这是什么原因呢？原来，从前，港里有个鱼王——鳕鱼，每年春潮期，它总带着成群的鱼虾到处嬉戏。鱼虾们看到人世间的男女老少不断经过港边，上斗龙庙烧香，求佛保佑今生平安、来世福禄，心里很是羡慕。

这一年春潮刚到，鱼王就出主意了："我们要自由自在，又要不受人伤害，看来不上斗龙庙求求菩萨保佑是不行的啦……"众鱼虾一向都怕鳕鱼王，没有不同意的。第二天，鱼王召集了手下的大小鱼虾，浩浩荡荡向斗龙港出发了。它们绕过一个个浅滩，穿过一道道海湾，刚游过闸，准备游向斗龙庙，忽然，狗鱼慌慌张张跑来向鱼王报告："大王，不好，有个老和尚，趁我们过完闸，说要关闸门，好把我们一网打尽！"鱼王一听，愣住了，它万万没有想到，修行念佛的和尚会这么狠毒，就带领几个有劲的大鱼去看个究竟。

原来，斗龙庙有个叫净空的老和尚，成天在庙里闲得无聊，这天，带了几个徒弟，出庙到港边去逛逛，刚到港边，就看到许多鱼虾，个个活蹦乱跳，可算得上水多深鱼多厚。几个和尚高兴得跳了起来，赶紧跑到不远处的水闸上，吩咐看闸的人说："快关闸门，不要让这些鱼虾跑了！"看闸的人犹豫地说："师傅呵，昨夜我做了一个梦，梦见你们大师个个手拿佛珠，要来拜佛烧香，对我说'看闸的呀，明天一早东海的鱼虾要来拜佛烧香，请你千万要积积德，不能伤害一条鱼命啊……'我今早到闸上一看，果然满满的鱼虾，想捞不敢捞，只好算了，没想到你们今天叫我快关闸门，这是罪过呀！”老和尚一听哈哈大笑：“还有送上嘴边的肥肉不吃吗？不要说海里的鱼虾来拜佛，就是人来，我们也要捞油水啊！不然，我们怎么活呀？”

老和尚和看闸人的对话被鱼王听得一清二楚，气得在水底哇哇直叫，急得团团乱转。这时候，老和尚又吩咐小和尚：“快拿捕鱼的家伙来！”就在这时，鱼王不等他们动手，不顾死活往闸门撞去，“咣”的一声，闸门被撞开了，大小鱼虾没命地蹿过闸门，跑得一个不剩。鱼王因用力过猛，一时撞昏了头，漂浮到水面上来，老和尚见鱼虾都逃走了，急得直喊“可惜，可惜！”

后来，发现水面上浮着一条大鱼，正好小和尚把鱼叉拿来了，老和尚就转过手来，用劲一叉，这一下子把鱼王疼醒了，拼命往水下钻，老和尚哪经得起鱼王的拖劲啊！“扑通”一声，跟着鱼王从闸上倒栽到水里。鱼王拖着老和尚在斗龙闸外转了几圈，挣脱身上的鱼叉，找它的伙伴去啦！老和尚呢，慢慢漂出水面，升天啦。从此，在这闸的附近再也捕不到鱼虾了。

凤尾鱼

凤尾鱼肠大海微，推波跃浪小翼菲。
闲池杨柳舒枝落，轻絮岚烟暖意归。
雪化青山弛锦绣，冰销玉水露珠玑。
还施淡彩云追月，绿影葳蕤正试衣。

——《谢谢七彩石君美玉添香》
（宋）佚名

一、物种本源

拉丁文名称，种属名

凤尾鱼（*Coilia mystus*），为辐鳍鱼纲、鲱形目、鳀科、鲚属、凤鲚种，又名子鲚、鲚鱼、彩虹鱼、百万鱼、凤鲚、豆仔鱼、江鲚等。

形态特征

该种鱼类体形较小，呈长条形且侧扁，向后渐细，颇像一把刀；吻短略圆突，口大，下位，口裂斜；体背呈淡绿色，而体侧和腹部则为银白色；周身为大而薄的圆鳞，无侧线，鳍条游离成丝状，臀鳍较大，与尾鳍相连。

习性，生长环境

凤尾鱼分布于世界各大海洋中，每年春夏间洄游江河入海口产卵。在我国的东海、黄海有丰富的凤尾鱼资源，尤以天津海河、长江中下游、珠江口最多。

二、营养及成分

每100克可食凤尾鱼鱼肉的部分营养成分见下表所列。此外，凤尾鱼还含有其他鱼类少有的磷酸。

蛋白质	10.9克
碳水化合物	4.2克
脂肪	2.2克
磷	226毫克
钙	126毫克

三、食材功能

性味 味甘，性温。

归经 归脾、肝经。

功能

（1）凤尾鱼具有健脾益胃、补虚养气、健身强体等功效。

（2）凤尾鱼主治慢性胃肠功能紊乱、消化不良、疮疖痈疽等症。

（3）凤尾鱼肉含有锌、硒等微量元素，有利于儿童智力发育，还能促进人体血液中淋巴细胞数量的增加。

四、烹饪与加工

凤尾鱼个体较小，所以不易被分离骨肉，但汛期捕获所得的凤尾鱼鱼骨较软，炸脆后可整条连骨一同食用。

炒凤尾鱼干

（1）材料：凤尾鱼干250克，青辣椒、泡椒、盐、食用油适量。

炒凤尾鱼干

（2）做法：凤尾鱼干用清水泡10分钟，控干备用。热油，加入凤尾鱼干翻炒，再加入青辣椒、泡椒共同翻炒。最后放入适量盐即可出锅。

凤尾鱼陈皮山楂汤

（1）材料：凤尾鱼30克，陈皮6克，山楂15克。

（2）做法：加水适量，所有材料入锅煎汤取汁服用。

凤尾鱼罐头

以凤尾鱼为原料，经清洗、挑选、处理、油炸、浸调味液、装罐、封罐、杀菌、冷却、擦罐、装箱等一系列工艺，制成营养丰富、具有独特香味的传统名产——凤尾鱼罐头。

凤尾鱼罐头

五、食用注意

患湿热、疥疮的病人忌食凤尾鱼。

王十朋与凤尾鱼

传说凤尾鱼之所以能成为浙江温州独一无二的特产，与宋时状元王十朋有关。

当年，王十朋在江心屿刻苦读书。一个月夜，王十朋坐在江边的一块岩石上吟诗，琅琅书声传到江面，他隐隐地听到轻轻的拍水音，抬眼望去，只见江面上银光点点，原来是成群结队的子鲚从瓯江下游朝江心屿游来。当游近江心屿时，它们被王十朋的读书声所吸引，都仰起头，翘着小嘴，摆着尾巴，津津有味地听着王十朋吟诗。

第二天晚饭后，王十朋在卧房中点起蜡烛读书时，忽听到门外发出一阵阵簌簌响声，他一惊，走到窗口张望，隐隐看到不远的小路口站着一位淡妆的绝色女子。王十朋问道："谁家女子深夜到此？"那女子走近，抿嘴微笑说："我是白凤仙子，慕名来向你求诗的。"王十朋作揖说："难得仙子来此，实是万幸，小生敬赠诗词一卷，还望见教。"说着随手从书架上取下一本诗稿，双手恭敬地奉上，仙子伸手接过，微微一笑，告辞了。王十朋盯着江面看了半天，才轻轻地说："过几天，我就要离开江心屿了，明年此时，兴许我可能还要在此攻读，但愿能再见到仙子。"

从此以后，每年春夏之交时，江心屿凤尾鱼旺发，人们打趣地说："它们一定是来找王十朋的。"因此，凤尾鱼成为温州鹿城的一个季节性特产，真是"此物只应鹿城有，天上人间难觅踪"。

鲼

鲼鱼骑驴，驴驮鲼鱼。
是驴驮鲼鱼，还是鲼骑驴。

——《鲼鱼与驴》绕口令

一、物种本源

拉丁文名称，种属名

鲼（*Myliobatis aquila*），为软骨鱼纲、燕魟目、鲼科、鲼属鱼类，包括鸢鲼、无斑鹞鲼或聂氏无刺鲼等，又名甫鱼、劳板鱼、锅盖鱼。

形态特征

鲼头部略短，有一个明显的圆形鼻子；嘴位于头部下侧；尾部细鞭状，不存在尾鳍；背面呈暗青铜色或带橄榄色到紫色阴影的黑色，腹表面白色，边缘带白色，尾巴黑色。

习性，生长环境

鲼分布于黄海、渤海和东海。目前市面上出售鲜活的鲼是非常少的，一般多为冰鲜的鲼，因此购买时需要观察肉质是否新鲜、有没有异味等。

鲼

二、营养及成分

鲼鱼肉含有维生素A、B_1、B_2、B_3、D、E，胆固醇和多种氨基酸，以及锰、硒、钙、磷、锌、钾、钠、镁、铁、铜等元素。每100克可食鲼鱼肉的主要营养成分见下表所列。

水分	71.4克
蛋白质	20.8克
脂肪	0.7克

三、食材功能

性味 味甘、咸，性寒。

归经 归肺、胃经。

功能

（1）《食鉴本草》记载：“鲼，润肺清燥，益胃生津。”鲼对热伤风咳嗽、胃热及男子白浊膏淋、尿不尽等症有辅助康复之功能。

（2）鲼的肉不但含有丰富的矿物质、蛋白质和人体必需的各种氨基酸，还含有丰富的能促进钙吸收的维生素D，可有效预防骨质疏松。鲼翅的蛋白质及矿物质含量极高，常吃能够提高人体的免疫功能，滋补强身，能够起到美容效果，延缓皮肤衰老；此外，鲼翅还可以促进骨髓的造血功能，因此对于贫血的治疗极为有效。

四、烹饪与加工

鲼的肉质鲜美，食用方法也有很多，可清蒸、红烧。

清蒸鲼

（1）材料：鲼1条，葱、姜、料酒、蒸鱼豉油、食用油适量。

（2）做法：葱、姜清洗干净沥干水分，姜切成薄片，葱白部分切成小段，葱绿部分切成细丝装盘备用；将切好的葱段、姜片铺在鲼上，淋入少量料酒涂抹均匀。蒸锅中加入适量清水，大火将水烧开，水烧开后将装盘的鲼放于蒸架上，盖上锅盖大火蒸8分钟；8分钟后关火，打开锅盖，取出蒸好的鲼，挑出鲼上方的姜片、葱段，并且将碗里的汤汁倒掉；处理干净后，淋入适量的蒸鱼豉油，铺上一层切好的葱丝，起锅热油，油温六成热时淋到鲼上。

五、食用注意

痛风患者、皮肤病患者忌食用鲼。

传说故事

徐邈画鲼得白獭的传说

徐邈是魏明帝时期的著名画家，他的作品形神兼备，达到了以假乱真的程度。

徐邈常伴随魏明帝出巡。有一次他随着明帝同游洛水，在船上突然发现清澈的水中有几条白獭。魏明帝素来喜爱珍禽异兽，对水中的动物更为喜爱。当他看到水底的白獭后，非常兴奋，就命令随从入水捕捉。由于白獭非常灵活，随从费了很大的力气，但是一条也没捉到。

这时，绘画技艺高超的徐邈灵机一动，向明帝进言："水中生活的白獭最喜欢食鲼，它们一旦见到鲼，常不顾性命地去追逐，我们只要能弄到鲼，就一定能将白獭捉到手。"明帝问应如何弄到鲼，徐邈胸有成竹地说："不要紧，我有办法。"说完，就叫人找来一块大木板竖立在船头，然后他不慌不忙地在木板上面画了几条跳跃着的大鲼。当徐邈刚把栩栩如生的鲼画完，就听到船下水声哗哗，不一会儿，一大群毛如白雪、活蹦乱跳的白獭拼命地往船上爬。不到半个时辰，他们就在船上捕捉到了十来条大小白獭。魏明帝高兴得连声叫好，说："你画的几条假鲼换来一群真白獭，所画真是通神了。"

徐邈的画能以假乱真，是他长期对生活进行认真细致观察的结果，他对水中动物的生活规律和习性掌握得一清二楚，并能以自己灵活多变的笔法使鲼跃然纸上，有呼之欲出之感，以致白獭误认为是活的鲼。这个故事说明徐邈通过长期的绘画实践，积累了丰富的经验，熟练地掌握了高超的写实技巧。

参考文献

[1] 陈寿宏．中华食材［M］．合肥：合肥工业大学出版社，2016：901–938．

[2] 韩彬，徐文进，王萍，等．鲥鱼的养生保健价值浅谈［J］．安徽农业科学，2013，41（17）：7463+7465．

[3] 刘椠菘，汤海青，欧昌荣．固态发酵过程中鲥鱼品质及抗氧化能力的研究［J］．安徽农业大学学报，2018，45（2）：214–218．

[4] 吴宇，方旭波，陈小娥，等．酵母发酵法改善沙丁鱼蛋白酶解液风味与品质的研究［J］．核农学报，2022，36（1）：163–173．

[5] 方超逸，林建城．鳀鱼–小麦面筋交联蛋白前期酶解条件的研究［J］．赤峰学院学报（自然科学版），2019，35（3）：42–47．

[6] 刘庆明，骆大鹏，邱名毅，等．虱目鱼与南美白对虾生态高效混养模式研究［J］．安徽农业科学，2018，46（14）：100–102．

[7] 邹磊，万金庆，钟耀广，等．温度对真空干燥海鳗的鲜度和滋味影响［J］．现代食品科技，2014，30（8）：206–211．

[8] 杨梅．话说飞鱼［J］．大众科学，2021（7）：20–23．

[9] 程醉．飞鱼的故事［J］．少年月刊，2019（6）：36–39．

[10] 郑玉玺，江津津，贾强，等．冷鲜海鲈鱼新鲜度指示标签的制备及应用［J］．食品与机械，2021，37（11）：118–122．

［11］ 赵洪雷，冯媛，徐永霞，等．海鲈鱼肉蒸制过程中品质及风味特性的变化［J］．食品科学，2021，42（20）：145-151．

［12］ 郑霖波．低值带鱼蛋白肽保鲜剂的制备及理化性质研究［D］．舟山：浙江海洋大学，2021．

［13］ 张家玮．低压静电场协同低温对舟山带鱼保鲜效果的研究［D］．舟山：浙江海洋大学，2021．

［14］ 夏方正，林斌财．葱油黄鱼的加工工艺及研究［J］．食品安全导刊，2021（27）：125-126．

［15］ 孙素玲，李雪，顾小红，等．鮸鱼肌肉和副产物营养组成分析及评价［J］．食品与机械，2020，36（7）：45-49．

［16］ 曹平，宋炜，陈佳，等．闽东海域棘头梅童鱼肌肉营养成分分析与评价［J］．海洋渔业，2021，43（4）：453-463．

［17］ 陈仕煊，于雯雯，张虎，等．吕泗渔场小黄鱼和棘头梅童鱼秋季脂肪酸组成及食性研究［J］．中国水产科学，2020，27（8）：943-952．

［18］ 朱文嘉，郭莹莹，姚琳，等．生食金枪鱼行业标准解读［J］．食品安全质量检测学报，2021，12（24）：9590-9596．

［19］ 陈启航，肖宇煊，方旭波，等．外源酶对预调理金枪鱼鱼排感官品质的影响［J］．南方水产科学，2021，17（6）：115-121．

［20］ 缪小静，何光华，钱锋，等．金枪鱼鱼酥和深海旗鱼鱼酥加工工艺特点及储藏稳定性研究［J］．现代食品，2018（9）：162-166．

［21］ 吴鸿，吕健，张杰宁，等．南海北部金线鱼最大可持续产量和总可捕量的研究［J］．海洋开发与管理，2021，38（1）：85-89．

［22］ 彭露，徐姗楠，蔡研聪，等．北部湾金线鱼的数量分布及变化趋势［J］．海洋湖沼通报，2020（4）：120-126．

［23］ 胡佳宝，乐琪君，杜丽红，等．银鲳的人工繁育研究进展［J］．生物学杂志，2016，33（4）：87-91+117．

［24］ 施兆鸿，彭士明，孙鹏，等．我国鲳属鱼类养殖的发展潜力及前景展望［J］．现代渔业信息，2009，24（10）：3-4+8．

［25］ 周燕芳．超声波处理对蓝圆鲹鱼蛋白酶解效果的影响［J］．天津农业科学，2017，23（1）：23-27．

［26］ 刘荣军．石斑鱼养殖疾病预防措施［J］．科学养鱼，2021（12）：52-53．

［27］ 倪泽平，李莹莹，于作昌，等．微酸性电解水与超声波联合处理对中华马鲛杀菌效果的影响［J］．食品科技，2021，46（5）：123-127．

［28］ 刘旭佳，黄国强，彭银辉．不同溶氧变动模式对鲻生长、能量代谢和氧化应激的影响［J］．水产学报，2015，39（5）：679-690．

［29］ 李来好，陈培基，李刘冬，等．鲻在冷冻过程中蛋白质的变性［J］．水产学报，2001（4）：363-366．

［30］ 庞涛．多宝鱼重新崛起［J］．农家之友，2020（3）：37-38．

［31］ 李桂华，王雨霏，佟伟．辽宁多宝鱼养殖存在问题及对策［J］．新农业，2011（9）：51-52．

［32］ 侯嘉康．半滑舌鳎生长模型关键技术研究［D］．天津：天津农学院，2021．

［33］ 全峰，王春雨，孙阳，等．饲料中添加复合微藻对半滑舌鳎生长、体色及消化酶的影响［J］．饲料研究，2021，44（10）：45-49．

［34］ 黄洽．剥皮鱼马面鲀［J］．食品与生活，2002（1）：22．

［35］ 姬广磊，高天翔，柳本卓．黄海和日本海黄鮟鱇的形态和同工酶差异［J］．海洋水产研究，2007（3）：73-79．

［36］ 徐开达，贺舟挺，朱文斌，等．东海北部和黄海南部黄鮟鱇的数量分布及其群体结构特征［J］．大连海洋大学学报，2010，25（5）：465-470．

［37］ 徐永霞，吕亚楠，曲诗瑶，等．酶解处理对菌菇鳕鱼汤品质的影响及工艺优化［J］．中国调味品，2022，47（3）：33-38．

［38］ 于琴芳，邓放明．鲢鱼　小黄鱼　鳕鱼和海鳗肌肉中营养成分分析及评价［J］．农产品加工（学刊），2012（9）：11-14+18．

［39］ 刘熠．油炸凤尾鱼［J］．中文自修，2016（18）：44．

［40］ 隋希临．山东青岛．特大黄鳑鱇擒记［J］．中国钓鱼，1998（2）：30-31．

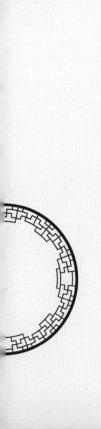

图书在版编目（CIP）数据

中华传统食材丛书.海洋鱼卷/张芳主编.—合肥：合肥工业大学出版社，2022.8
ISBN 978-7-5650-5328-3

Ⅰ.①中… Ⅱ.①张… Ⅲ.①烹饪—原料—介绍—中国 Ⅳ.①TS972.111

中国版本图书馆CIP数据核字（2022）第157765号

中华传统食材丛书·海洋鱼卷
ZHONGHUA CHUANTONG SHICAI CONGSHU HAIYANGYU JUAN

张 芳 主编

项目负责人	王 磊 陆向军
责任编辑	刘 露
责任印制	程玉平 张 芹
出 版	合肥工业大学出版社
地 址	（230009）合肥市屯溪路193号
网 址	www.hfutpress.com.cn
电 话	理工图书出版中心：0551-62903004 营销与储运管理中心：0551-62903198
开 本	710毫米×1010毫米 1/16
印 张	10.75 **字 数** 149千字
版 次	2022年8月第1版
印 次	2022年8月第1次印刷
印 刷	安徽联众印刷有限公司
发 行	全国新华书店
书 号	ISBN 978-7-5650-5328-3
定 价	96.00元